Rupesh Kumar Tipu
Vandna Batra
Suman Punia

Modelação Preditiva em Engenharia Civil: Uma Introdução

Rupesh Kumar Tipu
Vandna Batra
Suman Punia

Modelação Preditiva em Engenharia Civil: Uma Introdução

ScienciaScripts

Imprint

Cover image: www.ingimage.com

This book is a translation from the original published under ISBN 978-620-7-47289-5.

Publisher:
Sciencia Scripts
is a trademark of
Dodo Books Indian Ocean Ltd. and OmniScriptum S.R.L publishing group

120 High Road, East Finchley, London, N2 9ED, United Kingdom
Str. Armeneasca 28/1, office 1, Chisinau MD-2012, Republic of Moldova, Europe
Printed at: see last page
ISBN: 978-620-7-89432-1

RESUMO

Este livro fornece uma exploração abrangente da modelação preditiva no domínio da engenharia civil, servindo tanto como uma introdução como um mergulho profundo no assunto. Elucida os fundamentos teóricos, as aplicações práticas e as direcções futuras da modelação preditiva, com o objetivo de dotar engenheiros civis, investigadores, estudantes e profissionais dos conhecimentos e ferramentas necessários para aplicar estas técnicas no seu trabalho.

O conteúdo começa com uma visão geral da modelação preditiva, detalhando a sua importância na engenharia civil para a tomada de decisões, otimização e inovação. Abrange conceitos fundamentais, incluindo os tipos de modelos preditivos, terminologias-chave e os princípios fundamentais subjacentes às metodologias baseadas em dados que informam a análise preditiva.

Os capítulos seguintes aprofundam as especificidades do desenvolvimento de modelos, começando pela recolha e pré-processamento de dados, destacando a importância da qualidade dos dados e as estratégias para garantir conjuntos de dados robustos e fiáveis. O livro passa então a um exame exaustivo de várias técnicas de modelação preditiva, desde a análise de regressão e modelos de classificação até algoritmos de aprendizagem automática mais avançados, cada um deles ilustrado com exemplos de engenharia civil.

O núcleo do livro é enriquecido com estudos de casos que demonstram aplicações reais, apresentando a integração bem sucedida da modelação preditiva em áreas como a monitorização da saúde estrutural, avaliações de impacto ambiental e manutenção de infra-estruturas. Estes estudos de caso não só ilustram os benefícios práticos, como também discutem os desafios enfrentados durante a implementação, oferecendo aos leitores uma perspetiva equilibrada.

Nas secções sobre avaliação e validação de modelos, o livro apresenta uma discussão detalhada sobre métricas de desempenho, técnicas de validação cruzada e estratégias para combater o sobreajuste e o subajuste, garantindo a fiabilidade e a precisão dos modelos.

Os capítulos finais projectam as direcções futuras da modelação preditiva em engenharia civil, salientando a integração de tecnologias emergentes, como a IA e a IoT, e a importância crescente da conceção de infra-estruturas sustentáveis e resilientes. Incentiva uma abordagem multidisciplinar, defendendo esforços de colaboração que colmatem o fosso entre a ciência dos dados e a engenharia civil.

"Predictive Modeling in Civil Engineering: An Introduction" é uma referência fundamental, que sintetiza o potencial transformador da análise preditiva na definição do futuro da engenharia civil. Foi concebido para inspirar a inovação, promover uma compreensão mais profunda das metodologias baseadas em dados e fomentar o desenvolvimento de soluções de engenharia civil resilientes, eficientes e sustentáveis.

Palavras-chave: Modelação Preditiva, Engenharia Civil, Aprendizagem Automática, Monitorização da Saúde Estrutural, Análise de Dados.

ÍNDICE

CAPÍTULO 1:
Introdução

1.1 Visão geral da modelação preditiva em engenharia civil

A modelação preditiva em engenharia civil representa uma abordagem transformadora que utiliza técnicas estatísticas e algoritmos de aprendizagem automática para prever resultados com base em dados históricos e actuais (Akinosho et al., 2020; Harle, 2024). É um subconjunto da engenharia que se entrelaça com a ciência dos dados, oferecendo insights que ajudam nos processos de tomada de decisão, melhorando a eficiência e optimizando os recursos. Esta disciplina tornou-se cada vez mais indispensável à medida que a complexidade e a escala dos projectos de engenharia aumentam, juntamente com a necessidade premente de desenvolvimento de infra-estruturas sustentáveis e resilientes (Bibri, 2018; Chester & Allenby, 2019).

A essência da modelação preditiva em engenharia civil reside na sua capacidade de prever eventos ou comportamentos futuros através da análise de padrões e relações nos dados (Pan & Zhang, 2021; Wei & Chiu, 2002). Os engenheiros utilizam estes modelos para antecipar comportamentos estruturais, impactos ambientais, longevidade dos materiais e até mesmo o potencial de perigos futuros. Tais previsões baseiam-se numa análise rigorosa dos dados, abrangendo uma série de metodologias, desde a regressão linear simples até às redes neuronais complexas, cada uma delas adaptada às nuances e requisitos específicos das tarefas de engenharia civil (Sarkar et al., 2024).

1.2 Importância e aplicações

A importância da modelação preditiva na engenharia civil não pode ser sobrestimada. Constitui uma ferramenta crucial no planeamento, conceção, manutenção e gestão de infra-estruturas civis (Chen & Zheng, 2021; Goulet & Smith, 2013). Ao aproveitar o poder da análise preditiva, os engenheiros podem prever potenciais falhas, determinar o tempo de vida útil das estruturas, otimizar os processos de construção e melhorar a sustentabilidade dos projectos. Esta abordagem proactiva não só atenua os riscos, como também contribui para a criação de soluções de engenharia mais seguras, fiáveis e rentáveis (Abbas et al., 2019; Hao et al., 2023). O mapa mental das aplicações da modelação preditiva em engenharia está representado na Figura 1.1

As aplicações da modelação preditiva na engenharia civil são vastas e variadas. Incluem, mas não se limitam a:

- **Monitorização do estado das estruturas:** Os modelos preditivos podem prever a degradação das estruturas, ajudando na manutenção atempada e na prevenção de falhas catastróficas.
- **Gestão da construção:** Desde a previsão de atrasos nos projectos até à otimização da atribuição de recursos, a modelação preditiva aumenta a eficiência e reduz os custos.
- **Engenharia de transportes:** O fluxo de tráfego, as condições das estradas e a longevidade das infra-estruturas podem ser previstos, melhorando a segurança e a mobilidade.
- **Engenharia de recursos hídricos:** Os modelos preditivos ajudam na gestão da qualidade da água, na previsão de cheias e na conceção sustentável de estruturas hidráulicas.
- **Engenharia do ambiente:** Desempenham um papel fundamental na avaliação dos impactos ambientais, na previsão dos níveis de poluição e na conceção de estratégias de atenuação.

Aplicações em vários subdomínios:

1. **Engenharia de estruturas:**
    - **Monitorização do estado de saúde:** Utilização de modelos preditivos para avaliar o estado de pontes, edifícios e outras estruturas para prever potenciais falhas e prolongar a sua vida útil.
    - **Previsão de cargas:** Previsão das tensões e deformações nas estruturas sob várias condições de carga para garantir a sua segurança e estabilidade.
2. **Engenharia geotécnica:**
    - **Análise da estabilidade de taludes:** Prever o risco de deslizamentos de terra e de falhas de taludes, particularmente em áreas propensas a desastres naturais, para implementar medidas preventivas.

- **Previsão do comportamento do solo:** Estimativa do assentamento do solo, compactação e capacidade de suporte para o projeto seguro de fundações e obras de terra.

3. **Engenharia de transportes:**

- **Previsão de fluxo de tráfego e congestionamento:** Utilização de dados históricos de tráfego para prever padrões, otimizar o fluxo de tráfego e melhorar a mobilidade urbana.
- **Análise do ciclo de vida do pavimento:** Previsão da deterioração do pavimento para planear a manutenção e a reabilitação, assegurando a capacidade de serviço a longo prazo.

4. **Engenharia de recursos hídricos:**

- **Previsão dos riscos de inundação:** Utilização de modelos preditivos para antecipar fenómenos de inundação, melhorando a gestão dos riscos de inundação e as estratégias de atenuação.
- **Modelação da qualidade da água:** Previsão de alterações na qualidade da água devido a vários factores ambientais e actividades humanas, ajudando em práticas sustentáveis de gestão da água.

5. **Engenharia do ambiente:**

- **Previsão da poluição:** Estimativa dos níveis de poluição do ar, da água e do solo para informar os esforços de correção e os avisos de saúde pública.
- **Otimização da gestão de resíduos:** Previsão das tendências de produção de resíduos para melhorar os processos de recolha, reciclagem e eliminação de resíduos.

6. **Engenharia e gestão da construção:**

- **Previsão do custo e da duração do projeto:** Antecipar os prazos do projeto e os requisitos orçamentais para garantir a conclusão do projeto dentro do âmbito e dos recursos.

- **Otimização de recursos:** Prever a alocação óptima de mão de obra, materiais e maquinaria para aumentar a produtividade e reduzir o desperdício.

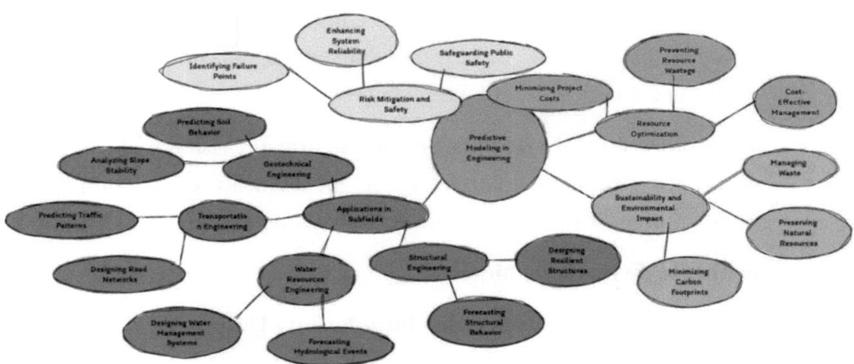

Figura 1.1. Mapa mental das aplicações da modelação preditiva na engenharia, centrado na atenuação dos riscos, na otimização dos recursos, na sustentabilidade e nas utilizações sectoriais específicas

CAPÍTULO 2:
Fundamentos da modelação preditiva

2.1 Compreender a modelação preditiva

A modelação preditiva é uma técnica estatística cada vez mais utilizada em vários sectores, incluindo a engenharia civil, para prever resultados futuros com base em dados históricos. Na sua essência, envolve a análise de dados passados e a identificação de tendências, padrões e relações para prever eventos futuros. Este capítulo aborda os aspectos fundamentais da modelação preditiva, fornecendo uma base para a sua aplicação na engenharia civil.

2.1.1 Definição e âmbito de aplicação

A modelação preditiva sintetiza a matemática, a estatística e a aprendizagem automática para criar modelos que podem prever ocorrências futuras. Utiliza dados históricos como input para prever métricas ou resultados no futuro. Normalmente, o processo envolve a recolha de dados, o desenvolvimento de um modelo estatístico e a utilização do modelo para efetuar previsões.

Componentes principais da modelação preditiva:

1. **Dados:** A pedra angular de qualquer modelo de previsão são os dados. Estes incluem dados históricos, que são utilizados para treinar o modelo, e novos dados, com base nos quais são efectuadas as previsões. A qualidade, quantidade e relevância dos dados influenciam diretamente a precisão das previsões.

2. **Algoritmos estatísticos:** Estes são os métodos ou técnicas utilizados para analisar e modelar os dados. Vão desde modelos simples de regressão linear até algoritmos complexos de aprendizagem profunda. A escolha do algoritmo depende da natureza do problema, do tipo de dados disponíveis e dos objectivos da previsão.

3. **Validação:** Uma vez construído um modelo, este deve ser validado ou testado para garantir a sua capacidade de previsão. Normalmente, isto é feito utilizando um subconjunto dos dados não utilizados na formação do modelo (frequentemente designado por conjunto de teste). A validação ajuda a avaliar a exatidão do modelo e a sua generalização a novos dados.

Processo de modelação preditiva:

1. **Definição do problema:** É fundamental definir claramente o problema ou o objetivo da modelação. Na engenharia civil, este objetivo pode ir desde a previsão do tempo de vida útil de uma ponte até à previsão dos padrões de tráfego.
2. **Recolha de dados:** Recolha de dados históricos relevantes para o problema. Estes dados podem ser provenientes de projectos anteriores, experiências ou sensores de dados em tempo real integrados em infra-estruturas civis.
3. **Preparação dos dados:** Isto envolve a limpeza dos dados (remoção ou correção de erros), a seleção de características relevantes e a transformação dos dados num formato adequado para modelação.
4. **Seleção de modelos:** Seleção de um modelo estatístico ou de aprendizagem automática adequado que se alinhe com a natureza do problema e o tipo de dados.
5. **Treinar o modelo:** Utilizar dados históricos para treinar o modelo, permitindo-lhe aprender os padrões e relações subjacentes.
6. **Teste e validação:** Avaliar o desempenho do modelo utilizando um conjunto de dados separado para garantir a sua exatidão e eficácia na previsão de resultados futuros.
7. **Implementação:** Uma vez validado, o modelo preditivo é implementado num cenário do mundo real para fazer previsões ou informar a tomada de decisões.

2.1.2 Importância na Engenharia Civil

Na engenharia civil, a modelação preditiva é uma ferramenta potente para a tomada de decisões informadas. Permite aos engenheiros antecipar cenários futuros e tomar decisões proactivas, melhorando assim a segurança, a eficiência e a sustentabilidade dos projectos de engenharia civil. Ao prever potenciais falhas estruturais, estimar a degradação dos materiais ou prever os impactos ambientais, os engenheiros podem planear medidas preventivas, otimizar os calendários de manutenção e inovar as soluções de design que se adaptam às condições futuras. A visualização dos principais conceitos e termos da engenharia civil é apresentada na Figura 1.2.

2.2 Conceitos-chave e terminologia

No domínio da modelação preditiva, especialmente no contexto da engenharia civil, a compreensão dos principais conceitos e da terminologia é crucial para uma compreensão abrangente e uma aplicação eficaz. Esta secção elucida os termos e conceitos fundamentais que são fulcrais na modelação preditiva.

1. **Conjunto de dados:** Trata-se de uma coleção de dados frequentemente utilizada no contexto da modelação. Na engenharia civil, os conjuntos de dados podem incluir informações sobre as propriedades dos materiais, cargas estruturais, condições ambientais ou registos históricos de manutenção.

2. **Características (ou preditores):** Estas são as variáveis ou atributos utilizados no conjunto de dados para prever o resultado. Por exemplo, na previsão da capacidade de carga de uma ponte, as características podem incluir a idade da ponte, o tipo de material, o fluxo de tráfego e as condições climatéricas históricas.

3. **Variável-alvo (ou resposta):** O resultado ou a variável que o modelo pretende prever. Continuando com o exemplo da ponte, a variável-alvo poderia ser o tempo de vida restante da ponte.

4. **Conjunto de treino:** Um subconjunto do conjunto de dados utilizado para treinar o modelo. O modelo aprende a prever a variável-alvo a partir das características presentes nestes dados.

5. **Conjunto de teste:** Um subconjunto separado do conjunto de dados não utilizado na formação do modelo, mas utilizado para avaliar o seu desempenho. Isto ajuda a avaliar o grau de generalização do modelo a partir dos dados de treino.

6. **Ajuste do modelo:** O processo de treino do modelo, em que o algoritmo selecionado aprende a relação entre as características e a variável-alvo no conjunto de treino.

7. **Sobreajuste:** Ocorre quando um modelo aprende os pormenores e o ruído dos dados de treino ao ponto de ter um impacto negativo no desempenho do modelo em novos dados. Significa que o modelo é demasiado complexo, captando padrões que não se generalizam a dados não vistos.

8. Subadaptação: Isto acontece quando um modelo é demasiado simples para aprender a estrutura subjacente dos dados, não conseguindo assim captar padrões importantes, o que também afecta o seu desempenho em dados não vistos.

9. Validação cruzada: Uma técnica utilizada para avaliar o desempenho preditivo de um modelo, dividindo o conjunto de dados original num conjunto de treino para treinar o modelo e num conjunto de teste para o avaliar. O processo é repetido várias vezes (folds), com partições diferentes de cada vez, para garantir uma estimativa fiável do desempenho do modelo.

10. Análise de regressão: Um método estatístico utilizado na modelação preditiva para examinar a relação entre uma variável dependente (alvo) e uma ou mais variáveis independentes (preditoras). O objetivo é modelar o valor esperado da variável dependente como uma função das variáveis independentes.

11. Classificação: Ao contrário da regressão, que prevê resultados contínuos, a classificação envolve a previsão da categoria ou classe a que pertence a nova observação. Em engenharia civil, isto pode envolver a classificação do estado estrutural de uma ponte como seguro, a necessitar de manutenção ou não seguro.

12. Algoritmos de aprendizagem automática: São algoritmos que permitem aos computadores aprender e fazer previsões ou tomar decisões com base em dados. Os exemplos incluem regressão linear, árvores de decisão, máquinas de vectores de apoio e redes neuronais.

13. Métricas de validação: Critérios ou métricas utilizados para avaliar o desempenho de um modelo, como a exatidão, a precisão, a recuperação e a pontuação F1 para modelos de classificação, ou o erro quadrático médio (MSE), a raiz do erro quadrático médio (RMSE) e o erro absoluto médio (MAE) para modelos de regressão.

14. Precisão da previsão: Uma medida da proximidade entre os valores previstos pelo modelo e os valores reais. Uma precisão de previsão elevada indica um modelo que pode prever resultados futuros de forma fiável.

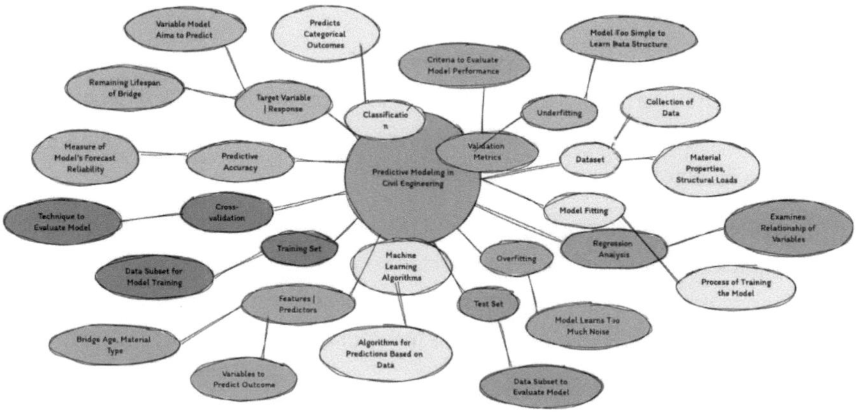

Figura 2.1. Conceitos e termos-chave da modelação preditiva em engenharia civil

2.3 Tipos de modelos preditivos

A modelação preditiva engloba uma variedade de tipos de modelos, cada um deles adequado a diferentes tipos de problemas e características dos dados. Na engenharia civil, a seleção do tipo adequado de modelo preditivo é crucial para a previsão eficaz de cenários futuros e para a tomada de decisões informadas. Aqui, exploramos os tipos comuns de modelos preditivos, destacando as suas aplicações e relevância no contexto da engenharia civil. Os vários tipos de modelos de aprendizagem automática são apresentados na Figura 2.2 e explicados de seguida.

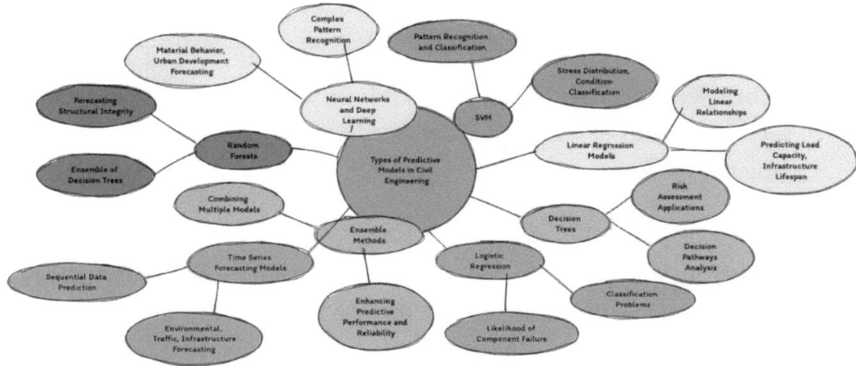

Figura 2.2. Diversas técnicas de modelação preditiva em engenharia civil

1. Modelos de Regressão Linear

- **Descrição**: A regressão linear é um método estatístico que modela a relação entre uma variável dependente e uma ou mais variáveis independentes utilizando uma equação linear. É ideal para casos em que se espera que a relação entre as variáveis seja linear.
- **Aplicação em engenharia civil**: Utilizado para prever resultados como a capacidade de carga de uma estrutura ou estimar o tempo de vida de uma infraestrutura com base em factores linearmente relacionados, como a idade, a utilização e o historial de manutenção.

2. Regressão logística

- **Descrição**: Apesar do seu nome, a regressão logística é utilizada para problemas de classificação e não de regressão. Calcula a probabilidade de um determinado ponto de entrada pertencer a uma determinada classe, produzindo valores entre 0 e 1.
- **Aplicação em engenharia civil**: Normalmente aplicado em cenários como a determinação da probabilidade de falha de um componente ou a previsão da adequação de um determinado material a condições ambientais específicas.

3. Árvores de decisão

- **Descrição**: Este modelo utiliza um modelo em forma de árvore de decisões e as suas possíveis consequências. É intuitivo e fácil de interpretar, tornando-o popular tanto para tarefas de regressão como de classificação.
- **Aplicação em engenharia civil**: Útil na avaliação de riscos, onde é necessário analisar e compreender as várias vias de desenvolvimento do projeto e os seus resultados.

4. Florestas aleatórias

- **Descrição**: Um método de conjunto que funciona através da construção de uma multiplicidade de árvores de decisão no momento do treino e que produz a classe que é a moda das classes (classificação) ou a previsão média (regressão) das árvores individuais.

- **Aplicação em engenharia civil**: Utilizado para problemas de previsão complexos, como a previsão da integridade estrutural de edifícios ou a previsão do impacto de vários factores ambientais em projectos de grande escala.

5. Máquinas de vectores de suporte (SVM)

- **Descrição**: Os SVMs são classificadores poderosos que funcionam encontrando o hiperplano que melhor divide um conjunto de dados em duas classes. Podem ser alargados a problemas de regressão (conhecidos como Regressão de Vectores de Suporte, ou SVR).
- **Aplicação em engenharia civil**: Eficaz em problemas de reconhecimento de padrões, como a identificação do padrão de distribuição de tensões em materiais ou a classificação do estado de infra-estruturas com base em dados de inspeção.

6. Redes neurais e aprendizagem profunda

- **Descrição**: Estes modelos são inspirados no cérebro humano e consistem em camadas de nós que imitam os neurónios. São particularmente bons a captar padrões e relações complexas nos dados, especialmente quando existe uma grande quantidade de dados disponíveis.
- **Aplicação em engenharia civil**: Útil em tarefas de previsão altamente complexas, como a simulação do comportamento de materiais sob várias condições, a previsão de impactos de desenvolvimento urbano ou a automatização da deteção de defeitos estruturais através da análise de imagens.

7. Modelos de previsão de séries temporais

- **Descrição**: Estes modelos são especificamente concebidos para prever valores futuros com base em valores previamente observados em dados ordenados no tempo. São ideais para dados que são sequenciais e em que os padrões passados são indicativos de tendências futuras.
- **Aplicação em engenharia civil**: Normalmente utilizado para prever condições ambientais, padrões de fluxo de tráfego ao longo do tempo ou prever as condições futuras de infra-estruturas com base em dados históricos.

8. Métodos de conjunto

- **Descrição**: Os métodos de conjunto combinam as previsões de vários estimadores de base para melhorar a generalização e a robustez em relação a um único estimador. Incluem métodos como bagging, boosting e stacking.
- **Aplicação em engenharia civil**: São utilizados para melhorar o desempenho preditivo e a fiabilidade, particularmente em problemas complexos como a previsão dos modos de falha de estruturas ou a otimização da atribuição de recursos para grandes projectos.

Cada tipo de modelo de previsão tem os seus pontos fortes e é adequado a determinados tipos de problemas. Na engenharia civil, a escolha do modelo depende frequentemente dos requisitos específicos do projeto, da natureza dos dados disponíveis e do tipo de previsão necessária. A compreensão das características destes modelos permite aos engenheiros selecionar o mais adequado, optimizando assim a precisão da previsão e a fiabilidade das suas análises e decisões.

CAPÍTULO 3:
Recolha de dados e pré-processamento

3.1 Fontes de dados em engenharia civil

No domínio da engenharia civil, a modelação preditiva eficaz começa com a aquisição e preparação de dados relevantes. As fontes de dados em engenharia civil são diversas, abrangendo vários formatos e origens. Fornecem a informação crítica necessária para desenvolver modelos que podem prever resultados e influenciar os processos de tomada de decisões. Neste ponto, exploramos as fontes de dados primários que fazem parte integrante dos projectos de engenharia civil. A Figura 2.1 mostra as principais fontes de dados dos modelos de aprendizagem automática no domínio da engenharia civil.

1. Dados do sensor:

- **Descrição:** Os sensores avançados e os sistemas de monitorização são amplamente utilizados em estruturas de engenharia civil, como pontes, edifícios e barragens. Estes sensores recolhem dados em tempo real sobre vários parâmetros, tais como tensão, deformação, vibração, temperatura e deslocamento.
- **Aplicação:** Estes dados são cruciais para avaliar o estado atual das estruturas, prever o seu estado futuro e planear a manutenção.

2. Sistemas de Informação Geográfica (SIG):

- **Descrição:** O SIG integra dados espaciais com informações descritivas, oferecendo uma ferramenta poderosa para mapear e analisar terrenos, ambientes e ambientes geoespaciais.
- **Aplicações:** É utilizado para seleção de locais, planeamento urbano, avaliação de riscos de inundação e desenvolvimento de infra-estruturas, proporcionando uma compreensão espacial abrangente que ajuda na modelação preditiva.

3. Dados históricos do projeto:

- **Descrição:** Os arquivos de projectos anteriores, incluindo documentos de conceção, relatórios de construção, registos de manutenção e avaliações pós-ocupação, constituem uma fonte rica de dados.
- **Aplicação:** A análise destes dados ajuda a compreender o desempenho a longo prazo de materiais e estruturas, a prever futuras falhas e a melhorar as práticas de conceção.

4. Dados de deteção remota:

- **Descrição:** As imagens de satélite, a fotografia aérea e os levantamentos com drones fornecem dados de alta resolução sobre grandes áreas, captando pormenores sobre formas de relevo, materiais e condições ambientais.
- **Aplicação:** Estes dados apoiam análises em grande escala, como estudos de estabilidade do terreno, planeamento da utilização dos solos e avaliações de impacto ambiental.

5. Dados experimentais e laboratoriais:

- **Descrição:** As experiências e ensaios controlados realizados em laboratórios geram dados sobre as propriedades dos materiais, as respostas estruturais e as interacções ambientais.
- **Aplicação:** Estes dados estão na base do desenvolvimento de modelos de previsão relacionados com a durabilidade dos materiais, a integridade estrutural e a adaptação ambiental.

6. Relatórios de vistoria e inspeção:

- **Descrição:** Os inquéritos e inspecções regulares geram relatórios detalhados sobre o estado das infra-estruturas, destacando defeitos, degradação e riscos potenciais.
- **Aplicação:** As informações obtidas a partir destes relatórios são fundamentais para a manutenção preditiva, a estimativa do tempo de vida útil e a gestão de riscos.

7. Registos de construção e documentação:

- **Descrição:** Documentação produzida durante a fase de construção, incluindo registos das actividades diárias, testes de qualidade dos materiais e cumprimento das especificações do projeto.
- **Aplicação:** Esta informação é vital para a compreensão do estado "as-built", facilitando a análise preditiva relacionada com os resultados da construção e o desempenho a longo prazo.

8. Dados públicos e de fonte aberta:

- **Descrição:** O governo, os municípios e as plataformas de código aberto fornecem acesso a uma vasta gama de dados, incluindo padrões de tráfego, condições meteorológicas e registos de infra-estruturas públicas.
- **Aplicação:** Estes dados enriquecem os modelos de previsão com factores externos, aumentando a precisão das previsões relacionadas com a gestão do tráfego, os impactos climáticos e o planeamento de infra-estruturas urbanas.

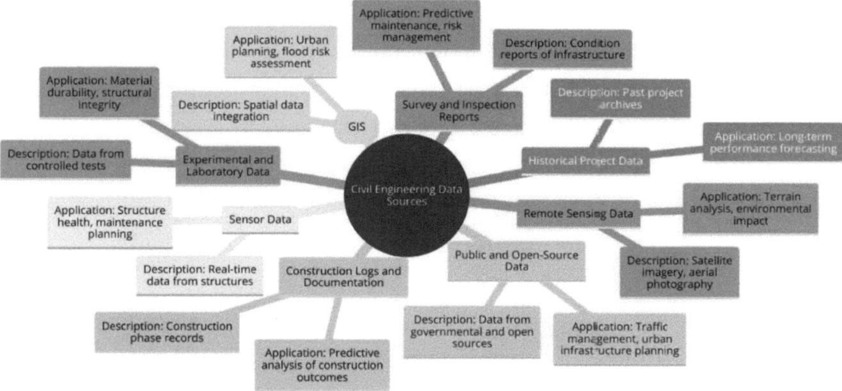

Figura 3.1. Fontes de dados primários em engenharia civil e sua importância

3.1.1 Pré-processamento na modelação preditiva

Uma vez recolhidos os dados, o pré-processamento é uma etapa crucial para garantir a sua qualidade e prontidão para a modelação. As várias fases envolvidas no pré-processamento são apresentadas na **Figura 2-2** e demonstradas de seguida:

- **Limpeza:** Remoção de imprecisões, duplicados ou pontos de dados irrelevantes para aumentar a fiabilidade do conjunto de dados.
- **Transformação:** Conversão de dados num formato ou estrutura adequada para análise, que pode incluir normalização, escalonamento ou codificação de variáveis categóricas.
- **Seleção de características:** Identificar e selecionar as variáveis mais relevantes que contribuem significativamente para a capacidade de previsão do modelo.
- **Tratamento de valores em falta:** Conceber estratégias para lidar com dados incompletos, como a imputação, a exclusão ou a utilização de algoritmos que possam lidar com informações em falta.
- **Integração de dados:** Combinação de dados de diferentes fontes, garantindo a consistência e resolvendo quaisquer conflitos para criar um conjunto de dados abrangente para modelação.

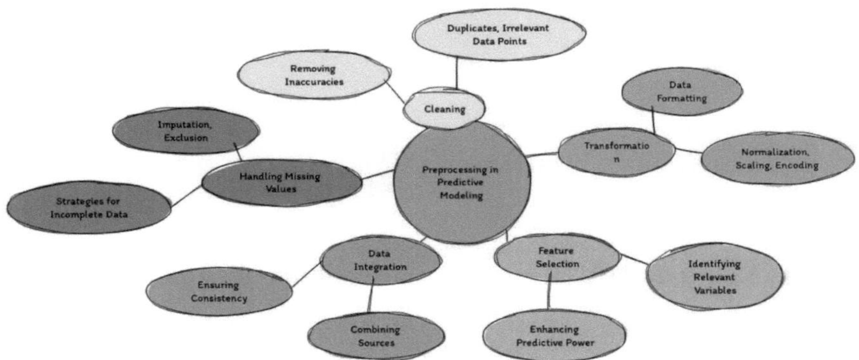

Figura 3.2. As principais etapas de pré-processamento na modelação preditiva

3.2 Avaliação da qualidade dos dados

A avaliação da qualidade dos dados é uma etapa crítica no processo de modelação preditiva, especialmente na engenharia civil, onde a exatidão das previsões pode ter um impacto significativo na segurança e na afetação de recursos. Este processo envolve a avaliação dos dados para garantir que são adequados para análise e que conduzirão a resultados de modelação fiáveis e precisos. Eis uma análise aprofundada dos principais aspectos da avaliação da qualidade dos dados na engenharia civil:

3.2.1 Exatidão

- **Definição:** Refere-se à proximidade entre os valores dos dados e os valores reais. A precisão é crucial nos dados de engenharia civil para garantir que as previsões reflectem com exatidão as condições do mundo real.
- **Métodos de avaliação:** Comparação dos dados com normas ou padrões de referência conhecidos, utilização de conjuntos de dados de validação ou referências cruzadas com outras fontes fiáveis.

3.2.2 Completude

- **Definição:** A medida em que todos os dados necessários estão disponíveis. Dados incompletos podem conduzir a modelos tendenciosos ou pouco fiáveis.
- **Métodos de avaliação:** Verificação da existência de valores em falta ou lacunas nas séries de dados e avaliação da extensão desses elementos em falta para determinar o seu impacto na modelação preditiva.

3.2.3 Consistência

- **Definição:** Garante que os dados não contêm informações contraditórias e que estão alinhados entre diferentes fontes de dados.
- **Métodos de avaliação:** Comparar entradas de dados entre conjuntos de dados para identificar discrepâncias, garantir formatos uniformes e verificar se os dados estão alinhados com padrões ou regras esperados.

3.2.4 Atualidade

- **Definição:** A relevância dos dados no contexto do período de tempo atual. A atualidade é vital para garantir que o modelo é construído com base nas informações mais relevantes e actualizadas.
- **Métodos de avaliação:** Avaliar a recolha de dados e as datas de entrada, e avaliar se os dados são suficientemente actuais para a análise pretendida.

3.2.5 Fiabilidade

- **Definição:** O grau em que os dados estão isentos de erros e em que se pode confiar para a tomada de decisões.
- **Métodos de avaliação:** Avaliar a credibilidade da fonte, as metodologias de recolha de dados e quaisquer potenciais enviesamentos no processo de recolha de dados.

3.2.6 Singularidade

- **Definição:** Assegura que cada entrada de dados é distinta e que não existem duplicações desnecessárias no conjunto de dados.
- **Métodos de avaliação:** Verificar e remover registos duplicados, assegurando que cada ponto de dados representa uma informação única.

3.2.7 Validade

- **Definição:** O grau em que os dados estão em conformidade com o formato e o intervalo de valores esperados, com base na compreensão contextual dos dados.
- **Métodos de avaliação:** Aplicação de verificações baseadas em regras, validações de formato e restrições específicas do domínio para garantir a validade dos dados.

3.3 Implementação da avaliação da qualidade dos dados

A implementação de uma avaliação sólida da qualidade dos dados envolve várias etapas:

1. **Definição de critérios de qualidade:** Estabelecer o que constitui dados de alta qualidade no contexto do projeto específico de engenharia civil.

2. **Desenvolvimento de protocolos de avaliação:** Criar procedimentos normalizados e listas de controlo para avaliar sistematicamente a qualidade dos dados.
3. **Utilização de ferramentas de software:** Utilizar ferramentas de qualidade de dados que possam automatizar a deteção de problemas como inconsistências, duplicações e valores atípicos.
4. **Monitorização contínua:** Rever regularmente a qualidade dos dados, especialmente quando se integram novas fontes de dados ou quando os dados são actualizados frequentemente.
5. **Limpeza de dados:** Com base na avaliação, limpar os dados para corrigir imprecisões, preencher valores em falta, remover duplicados e resolver inconsistências.

3.4 Técnicas de limpeza e pré-processamento de dados

A limpeza e o pré-processamento de dados são passos fundamentais no processo de análise de dados, especialmente na modelação preditiva para a engenharia civil. Estas etapas melhoram a qualidade dos dados, garantindo que os modelos finais são exactos, eficientes e fiáveis. De seguida, apresentam-se as principais técnicas utilizadas na limpeza e pré-processamento de dados:

3.4.1 Técnicas de limpeza de dados

1. **Tratamento de valores em falta:**
    - **Descrição:** Os dados em falta podem distorcer os resultados e conduzir a modelos incorrectos.
    - **Técnicas:** As opções incluem a imputação de valores em falta utilizando métodos estatísticos (média, mediana, moda), interpolação ou métodos avançados de aprendizagem automática; ou a remoção de registos ou características com valores em falta excessivos. As várias estratégias de tratamento de dados em falta são também apresentadas na **Figura 3.3**.

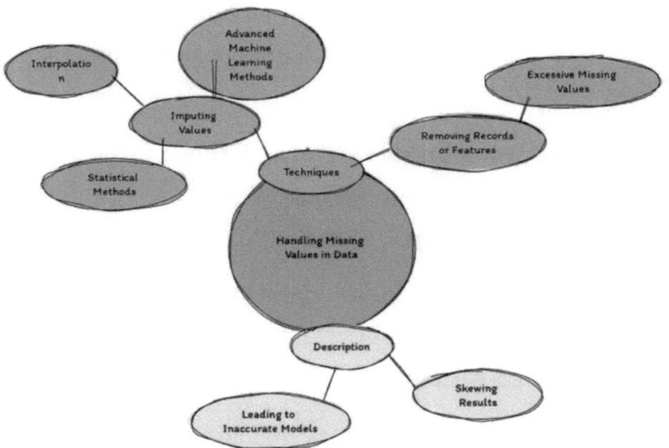

Figura 3.3. Estratégias para o tratamento de dados em falta

2. **Deteção e tratamento de anomalias:**

- **Descrição:** Os valores atípicos podem afetar significativamente o desempenho do modelo, especialmente em modelos de regressão ou agrupamento.

- **Técnicas:** Utilizar testes estatísticos, ferramentas de visualização ou métodos de agrupamento para detetar valores atípicos. Uma vez identificados, os valores atípicos podem ser removidos, ajustados ou retidos com base na sua causa e relevância para a análise. A amostra do gráfico de caixa com outliers, mediana e quartis é apresentada na **Figura 3.4.**

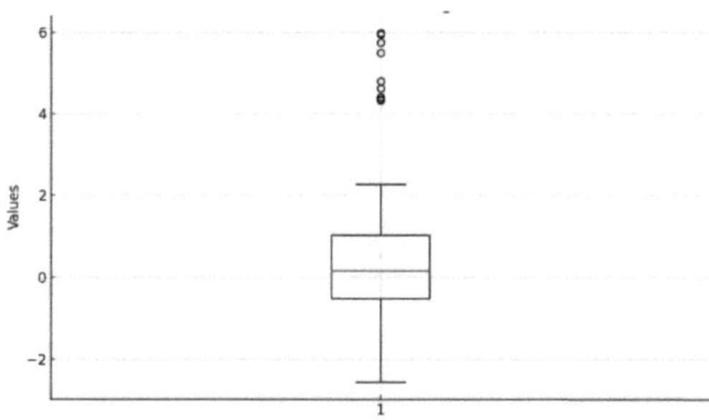

Figura 3.4. Gráfico de caixa com outliers, mediana e quartis

3. **Correção de erros:**
   - **Descrição:** As imprecisões nos dados podem levar a análises e conclusões incorrectas.
   - **Técnicas:** Utilize técnicas como a filtragem baseada em regras, a inspeção manual ou scripts automatizados para identificar e corrigir erros, garantindo a precisão e a consistência dos dados.
4. **Remoção de duplicados:**
   - **Descrição:** Os registos duplicados podem introduzir distorções no modelo, conduzindo a resultados enganadores.
   - **Técnicas:** Identificar e remover entradas duplicadas para evitar redundâncias e garantir que cada ponto de dados contribui com informações únicas.

3.4.2 Técnicas de pré-processamento

1. **Escala de características:**
   - **Descrição:** O escalonamento de características envolve o ajuste da escala das características para normalizar a sua gama de valores.
   - **Técnicas:** Os métodos comuns incluem a normalização (escalonamento de características para um intervalo) e a padronização (escalonamento de características para ter média zero e variância unitária), que ajudam a melhorar a convergência de algoritmos e equilibram a influência de diferentes características.
2. **Transformação de dados:**
   - **Descrição:** As transformações são aplicadas para modificar a distribuição dos dados ou para os tornar mais adequados aos algoritmos de modelação.
   - **Técnicas:** Técnicas como transformações logarítmicas, de raiz quadrada ou de potência podem ajudar a estabilizar a variância, tornar os dados mais semelhantes a uma distribuição normal ou melhorar a capacidade do modelo para captar relações não lineares.

3. **Codificação de características:**
   - **Descrição:** Muitos modelos de aprendizagem automática requerem dados numéricos, o que obriga à conversão de dados categóricos num formato numérico.
   - **Técnicas:** Os métodos de codificação, como a codificação de um ponto ou a codificação de rótulo, transformam as variáveis categóricas em valores numéricos, permitindo a integração no modelo preditivo.
4. **Engenharia de recursos:**
   - **Descrição:** O processo de criação de novas características ou de modificação das características existentes para melhorar o poder de previsão dos algoritmos de aprendizagem automática.
   - **Técnicas:** Isto pode incluir a criação de termos de interação, características polinomiais ou características agregadas para captar relações mais complexas nos dados.
5. **Redução de dimensionalidade:**
   - **Descrição:** Grandes conjuntos de características podem levar a um aumento da complexidade computacional e ao risco de sobreajuste.
   - **Técnicas:** Técnicas como a análise de componentes principais (PCA), a análise discriminante linear (LDA) ou a incorporação de vizinhos estocásticos distribuídos (t-SNE) reduzem o número de variáveis em consideração, simplificando o modelo e mantendo as informações essenciais.
6. **Integração de dados:**
   - **Descrição:** Combinação de dados de várias fontes ou formatos para criar um conjunto de dados coeso.
   - **Técnicas:** Garantir a compatibilidade entre conjuntos de dados, alinhar escalas e resolver incompatibilidades de esquemas é fundamental para uma integração de dados eficaz.

Na engenharia civil, o rigor da limpeza e do pré-processamento dos dados influencia diretamente a precisão e a fiabilidade dos modelos de previsão. Estes modelos informam decisões críticas, desde a manutenção de infra-estruturas ao planeamento urbano, necessitando assim de dados de elevada qualidade. Ao aplicar estas técnicas, os engenheiros civis podem melhorar os seus esforços de modelação preditiva, conduzindo a decisões mais informadas e a melhores resultados nos seus projectos.

CAPÍTULO 4: Análise exploratória dos dados

4.1 Técnicas de visualização de dados

A Análise Exploratória de Dados (AED) é uma fase crítica no processo de modelação preditiva, especialmente no domínio da engenharia civil, em que a compreensão dos padrões, tendências e anomalias subjacentes nos dados pode conduzir a decisões mais informadas e baseadas em dados. Um dos principais componentes da AED é a visualização de dados, que envolve a utilização de representações gráficas para melhor compreender, explorar e comunicar as características dos dados. Neste artigo, analisamos várias técnicas de visualização de dados que são fundamentais para revelar informações sobre dados de engenharia civil.

4.1.1 Histogramas

- **Descrição:** Os histogramas são representações gráficas que utilizam barras para mostrar a distribuição de frequência de um conjunto de dados. Cada barra agrupa os números em intervalos, e a altura da barra representa a frequência dos pontos de dados nesse intervalo. **A Figura 4.1** demonstra o gráfico de histograma com pontos de dados versus gráfico de frequências.
- **Aplicação em engenharia civil:** Útil para visualizar a distribuição de propriedades estruturais, resistências de materiais ou parâmetros ambientais, ajudando os engenheiros a identificar padrões ou anomalias como a assimetria ou a bi-modalidade nos dados.

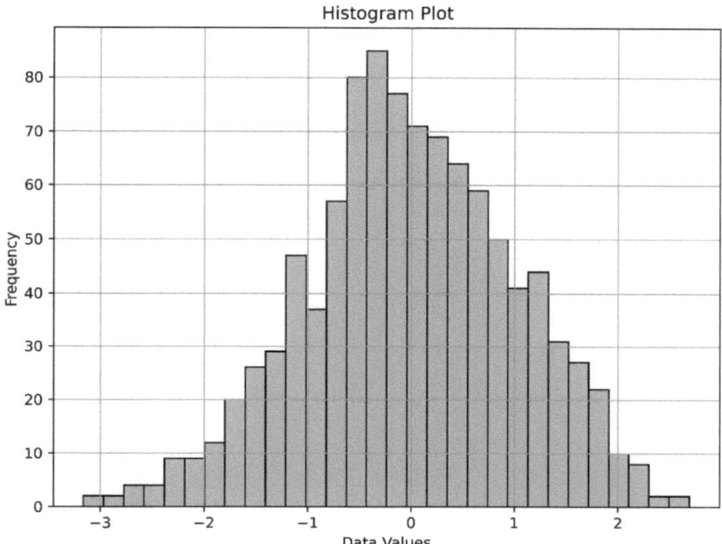

Figura 4.1. Gráfico de histograma com os valores dos dados e as frequências correspondentes

4.1.2 Gráficos de dispersão

- **Descrição:** Os gráficos de dispersão apresentam valores para duas variáveis típicas de um conjunto de dados. Os dados são apresentados como uma coleção de pontos, cada um com o valor de uma variável a determinar a posição no eixo horizontal e o valor da outra variável a determinar a posição no eixo vertical.
- **Aplicação em Engenharia Civil:** São fundamentais na identificação de relações ou correlações entre duas variáveis, como a correlação entre a capacidade de carga e a idade do material, permitindo aos engenheiros detetar tendências, valores atípicos ou potenciais agrupamentos. **A Figura 3-2** mostra um gráfico de dispersão para variáveis independentes e dependentes.

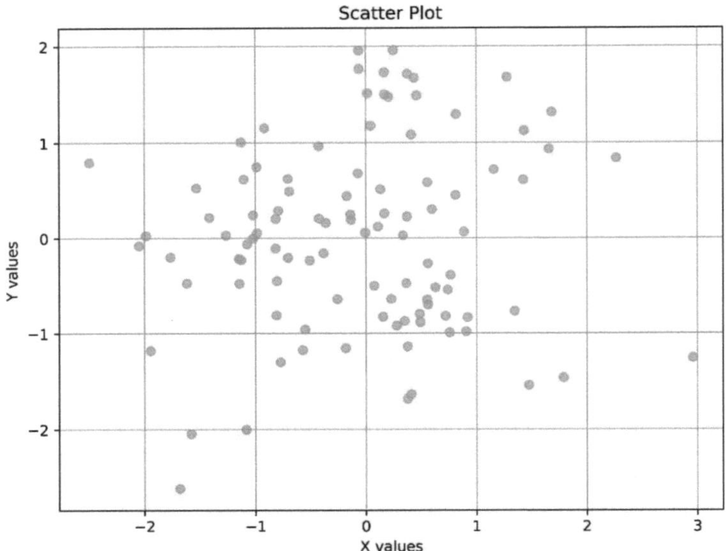

Figura 4.2. Demonstração do gráfico de dispersão com valores X e Y

4.1.3 Gráficos de linhas

- **Descrição:** Os gráficos de linhas são utilizados para apresentar pontos de dados ligados por linhas rectas para mostrar como uma variável muda em relação a outra. Um gráfico de linhas, como o apresentado na **Figura 4.3**, mostra um diagrama de linhas de valores X com valores Y.

- **Aplicação em engenharia civil:** Ideal para ilustrar tendências ao longo do tempo, como a progressão do fluxo de tráfego, o desgaste estrutural ao longo do tempo ou alterações ambientais, ajudando na previsão e análise de tendências.

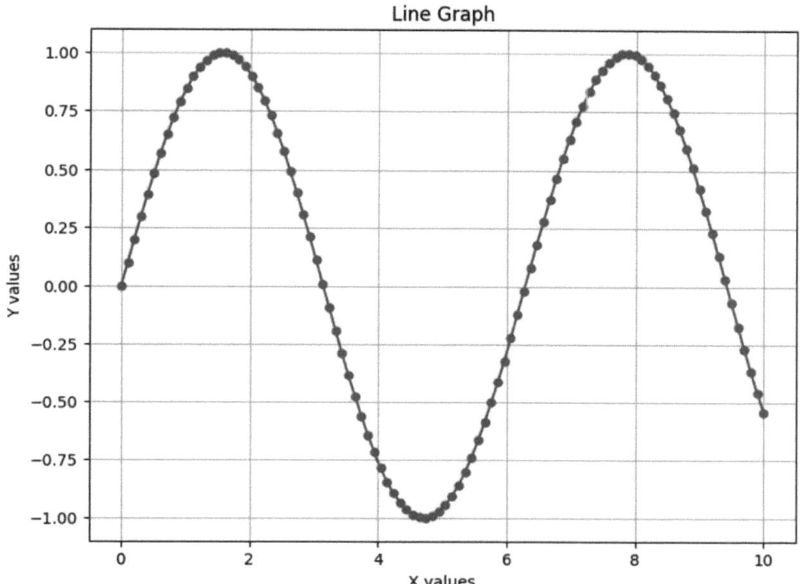

Figura 4.3. Gráfico de linhas para os valores X e Y

4.1.4 Parcelas de caixa

- **Descrição:** Os gráficos de caixa são formas padronizadas de apresentar a distribuição de dados com base num resumo de cinco números: mínimo, primeiro quartil (Q1), mediana, terceiro quartil (Q3) e máximo.
- **Aplicação em engenharia civil:** Útil para representar a distribuição de dados e identificar valores atípicos em conjuntos de dados, tais como custos de construção, atrasos de projectos ou propriedades de materiais, fornecendo um resumo visual rápido de uma ou mais variáveis. **A Figura 4.4** descreve o gráfico de caixa com demonstração de valores anómalos.

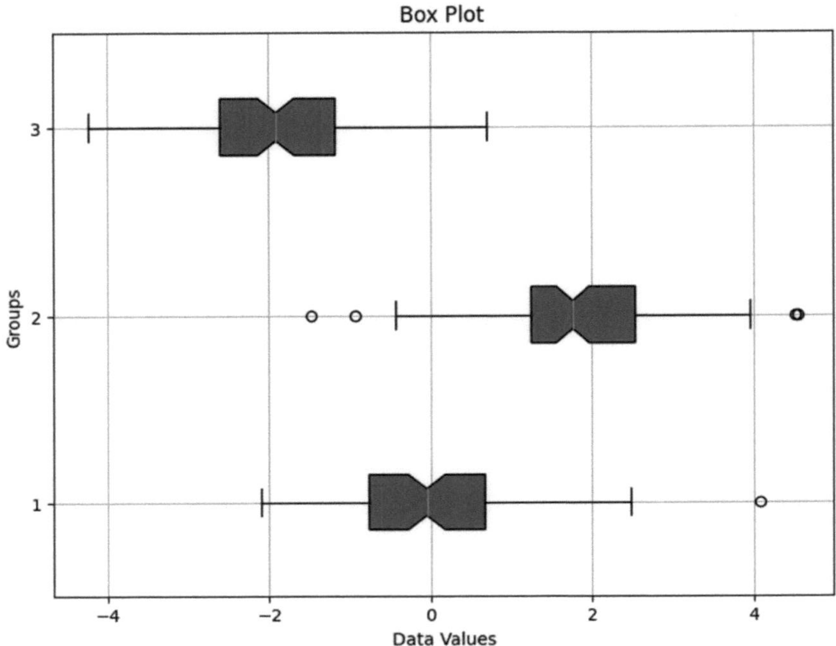

Figura 4.4. Gráfico de caixa das características do conjunto de dados que mostra a presença de outliers

4.1.5 Mapas de calor

- **Descrição:** Os mapas de calor utilizam cores para visualizar matrizes de dados complexas, mostrando a magnitude de um fenómeno como cor em duas dimensões.
- **Aplicação em engenharia civil:** Podem ser particularmente eficazes para visualizar variações de dados espaciais, como a distribuição de tensões num material, variações de temperatura numa estrutura ou a concentração geográfica de certos tipos de infra-estruturas. A **Figura 4.5** mostra um mapa de calor para apresentar a matriz de correlação entre as variáveis do conjunto de dados.

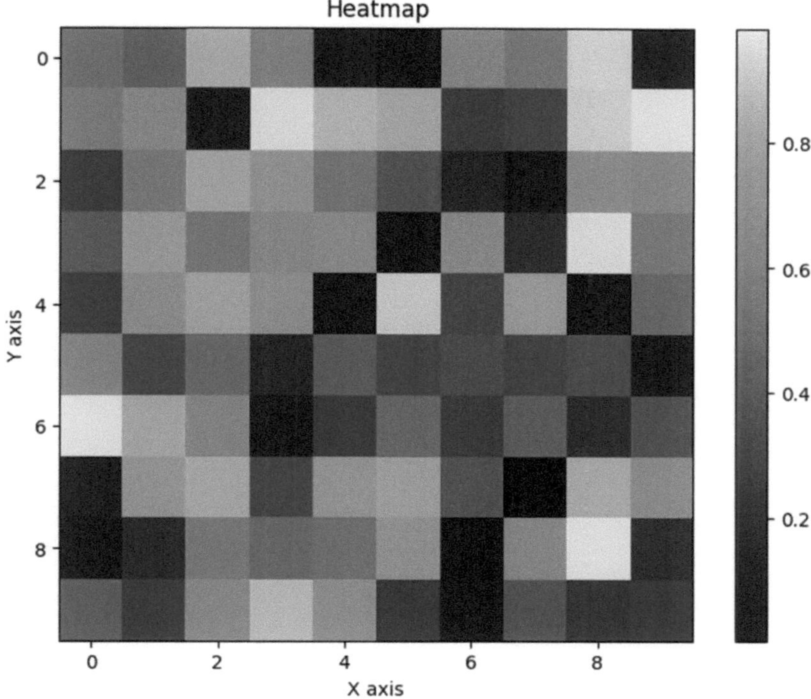

Figura 4.5. Matriz de mapa de calor para demonstração da correlação entre variáveis

4.1.6 Gráficos de barras

- **Descrição:** Os gráficos de barras são utilizados para comparar diferentes grupos ou para registar alterações ao longo do tempo. Representam dados com barras rectangulares com comprimentos proporcionais aos valores que representam.

- **Aplicação em engenharia civil:** São normalmente utilizados para comparar quantidades entre diferentes categorias, como o número de projectos concluídos em anos diferentes, as dotações orçamentais entre departamentos ou a frequência de vários tipos de defeitos em inspecções de infra-estruturas. **A Figura 4.6** mostra o gráfico de caixa que apresenta cada caraterística e as suas contagens no conjunto de dados.

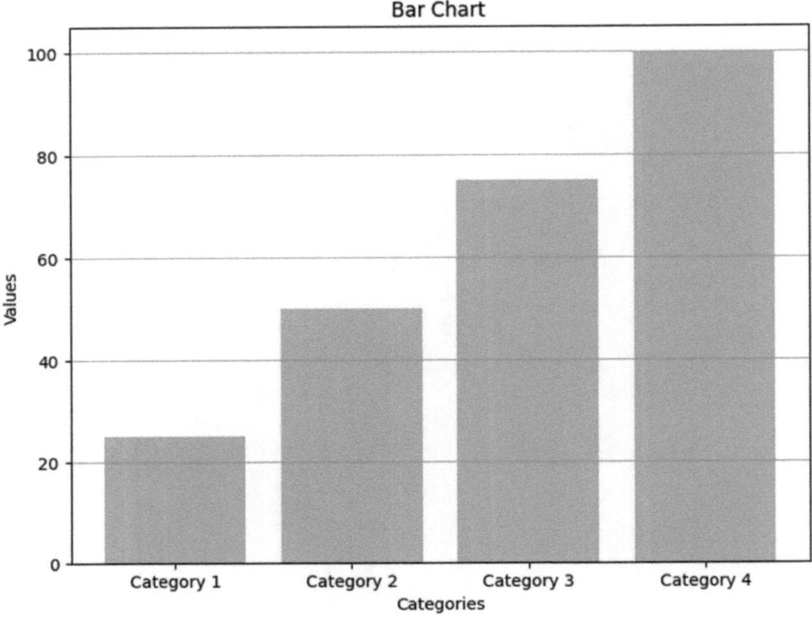

Figura 4.6. Gráfico de caixa com características e respectiva contagem de amostras

4.1.7 Gráficos de pizza

- **Descrição:** Os gráficos de pizza mostram o tamanho proporcional dos itens que compõem um conjunto de dados em relação uns aos outros e a todo o conjunto de dados, representado num gráfico circular.
- **Aplicação em engenharia civil:** Eficaz para mostrar as proporções relativas de factores como a repartição dos tipos de uso do solo, a percentagem do orçamento gasto em diferentes fases do projeto ou a distribuição de diferentes tipos de infra-estruturas numa cidade. A **Figura 4.7** apresenta uma demonstração de um gráfico de pizza que mostra a proporção das características.

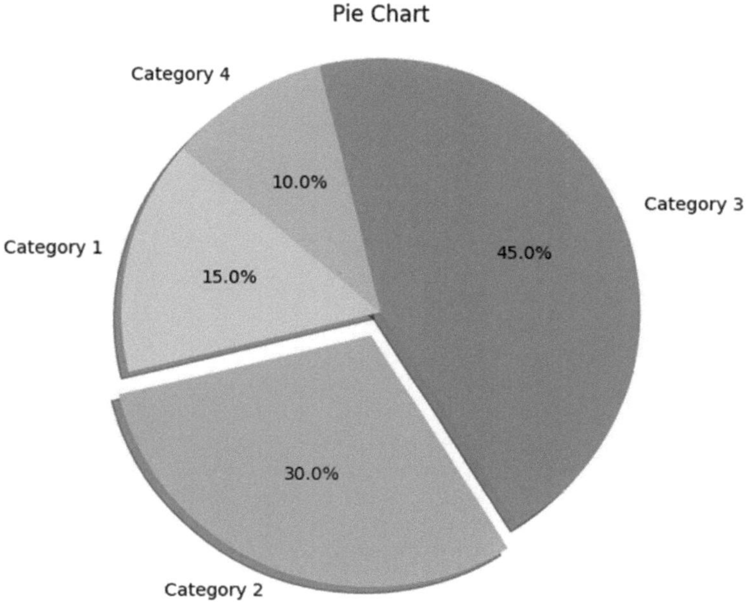

Figura 4.7. Gráfico de pi demonstrando a proporção de cada categoria

4.1.8 Matrizes de correlação

- **Descrição:** Uma matriz de correlação é uma tabela que mostra os coeficientes de correlação entre variáveis. Cada célula da tabela mostra a correlação entre duas variáveis e é codificada por cores para ajudar a visualizar a força da relação.
- **Aplicação em Engenharia Civil:** Ajuda a compreender as interdependências entre vários factores, como a relação entre as condições ambientais e a durabilidade dos materiais, ou a correlação entre as cargas de tráfego e o desgaste do pavimento. Matriz de correlação de Pearson (Pearson, 1920) está representada na **Figura 4.8**.

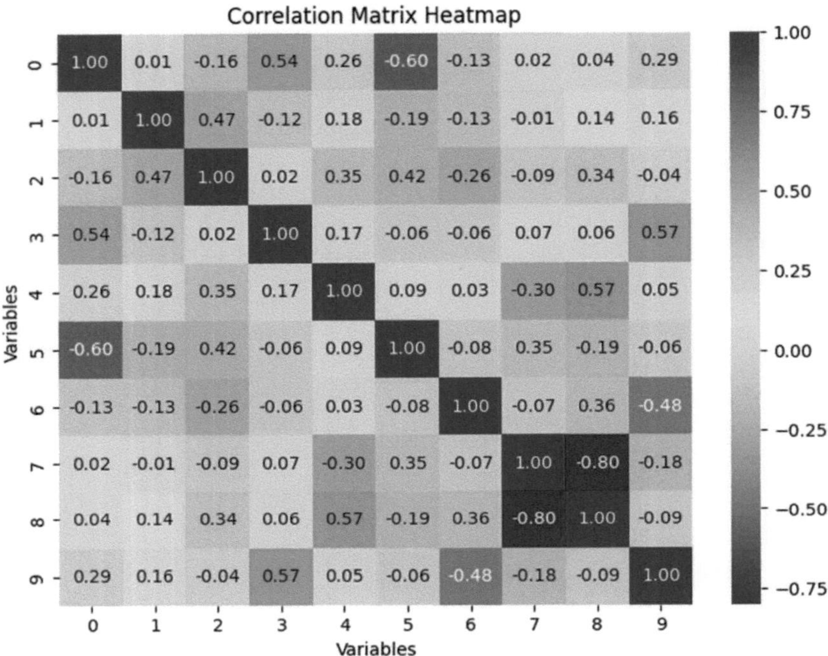

Figura 4.8. Matriz de correlação de Pearson com valores de correlação

Através destas técnicas de visualização de dados, os engenheiros civis podem descobrir informações valiosas, detetar padrões subjacentes, identificar anomalias e comunicar as conclusões de forma eficaz. Esta exploração exaustiva dos dados não só informa as fases de modelação subsequentes, como também permite uma compreensão mais matizada das complexidades inerentes aos dados de engenharia civil, contribuindo, em última análise, para uma melhor modelação preditiva e tomada de decisões.

4.2 Estatísticas descritivas

A estatística descritiva fornece um resumo poderoso de grandes conjuntos de dados, oferecendo uma perspetiva das características básicas dos dados e apresentando resumos simples sobre a amostra e as medidas. No contexto da engenharia civil, a compreensão destas medidas estatísticas é crucial para interpretar os dados, orientar o processo de tomada de decisões e apoiar os esforços de modelação preditiva. Segue-se uma visão geral das principais estatísticas descritivas e da sua relevância na engenharia civil. **A Tabela 4.1** apresenta as estatísticas descritivas do conjunto de dados, enquanto **a Figura 3-9** apresenta o histograma e o gráfico de caixa das características do conjunto de dados.

4.2.1 Medidas de tendência central

1. **Média (Average):**

   - **Definição:** A média é a soma de todos os pontos de dados dividida pelo número de pontos. Fornece um valor central para o conjunto de dados.
   - **Aplicação em engenharia civil:** Utilizado para calcular a resistência média do material, a capacidade de carga ou o fluxo de tráfego típico, fornecendo uma base de referência para compreender as condições típicas ou o desempenho esperado.

2. **Mediana:**

   - **Definição:** A mediana é o valor intermédio num conjunto de dados quando os valores estão dispostos por ordem ascendente ou descendente. Se houver um número par de observações, a mediana é a média dos dois números do meio.
   - **Aplicação em engenharia civil:** Importante para compreender a tendência central de dados enviesados, como custos de projectos ou tempos de construção, em que os valores atípicos podem enviesar a média.

3. **Modo:**

   - **Definição:** A moda é o valor que aparece mais frequentemente num conjunto de dados. Um conjunto de dados pode ter uma moda, mais do que uma moda ou nenhuma moda.

- **Aplicação em engenharia civil:** Útil para identificar o tipo de material mais comum utilizado, as propriedades predominantes do solo ou as contagens de tráfego frequentes, especialmente em dados categóricos.

4.2.2 Medidas de variabilidade (dispersão)

1. **Alcance:**

    - **Definição:** O intervalo é a diferença entre os valores máximo e mínimo num conjunto de dados, fornecendo uma medida da dispersão total dos valores.
    - **Aplicação em engenharia civil:** Oferece informações sobre a variabilidade de factores como tensões de carga, qualidade do material ou condições ambientais em diferentes locais ou projectos.

2. **Desvio:**

    - **Definição:** A variância mede a distância que cada número do conjunto está da média e, portanto, de todos os outros números do conjunto. É a média das diferenças ao quadrado em relação à média.
    - **Aplicação em engenharia civil:** Ajuda a avaliar a consistência das propriedades dos materiais ou do desempenho estrutural, indicando o grau de dispersão em relação à média.

3. **Desvio padrão:**

    - **Definição:** O desvio padrão é a raiz quadrada da variância e fornece uma medida da quantidade de variação ou dispersão de um conjunto de valores.
    - **Aplicação em engenharia civil:** Um desvio padrão baixo indica que os pontos de dados tendem a estar próximos da média, enquanto um desvio padrão alto indica que os pontos de dados estão espalhados por uma grande variedade de valores. Isto é crucial para compreender a fiabilidade das propriedades de engenharia ou a previsibilidade dos prazos de construção.

4.2.3 Medidas de forma

1. **Inclinação:**

- **Definição:** A assimetria é uma medida da assimetria da distribuição de probabilidade de uma variável aleatória de valor real em relação à sua média. Pode ser positiva, negativa ou indefinida.
- **Aplicação em engenharia civil:** A compreensão da assimetria pode ajudar a identificar enviesamentos ou anomalias nos dados relacionados com condições ambientais, distribuições de carga ou eficiências operacionais, orientando uma análise de dados e uma tomada de decisões mais matizadas.

2. **Curtose:**

- **Definição:** A curtose é uma medida da "cauda" da distribuição de probabilidade de uma variável aleatória de valor real. Curtose elevada significa que mais da variância se deve a desvios extremos pouco frequentes, em oposição a desvios frequentes de tamanho modesto.
- **Aplicação em engenharia civil:** Uma curtose elevada nos dados pode indicar a presença de valores anómalos ou condições extremas (como cargas máximas ou picos de tensão), que são fundamentais nas avaliações de risco e de segurança.

Tabela 4.1. Descrição estatística do conjunto de dados

Parâmetro estatístico	**Valor**
Contagem	1000
Média	49.91994
Std	10.47688
Mínimo	17.82088
25%	42.62295
50%	50.20737
75%	56.82311
Máximo	79.73902
Skewness	-0.01735
Curtose	-0.03597

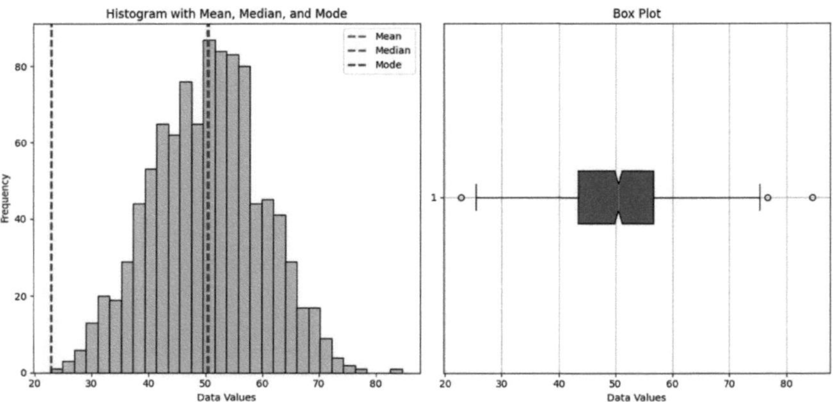

Figura 4.9. Histograma e gráfico de caixa das características do conjunto de dados

4.3 Estatística descritiva na análise de dados

Em engenharia civil, as estatísticas descritivas são amplamente utilizadas na fase inicial da análise de dados para:

- Resumir e compreender as características do conjunto de dados antes de aplicar modelos mais complexos.
- Informar a escolha de métodos de limpeza de dados e a seleção de técnicas de modelação preditiva adequadas.
- Proporcionar uma compreensão de base que ajude a interpretar os resultados dos modelos preditivos e a tomar decisões de engenharia informadas.

A aplicação de estatísticas descritivas é um passo fundamental para transformar dados brutos em conhecimentos significativos, permitindo aos engenheiros civis tomar decisões baseadas em dados que melhoram a segurança, a eficiência e a sustentabilidade dos projectos de engenharia. Ao resumir eficazmente as tendências centrais, a dispersão e a forma dos dados, os engenheiros podem garantir que as suas análises, previsões e processos de tomada de decisões se baseiam numa sólida compreensão das características subjacentes do conjunto de dados.

4.4 Seleção e engenharia de características

Na modelação preditiva, especialmente no domínio da engenharia civil, a seleção e a engenharia de características são passos críticos que têm um impacto significativo no desempenho e na interpretabilidade do modelo. Estes processos envolvem a identificação das variáveis mais relevantes para utilização na construção do modelo e a criação de novas características a partir dos dados existentes para melhorar a precisão e a eficácia do modelo. Esta secção analisa os meandros da seleção e engenharia de características, destacando a sua importância e metodologias no contexto da engenharia civil.

4.4.1 Seleção de características

A seleção de características é o processo de identificação e seleção de um subconjunto de características relevantes (variáveis, preditores) para utilização na construção de modelos. O objetivo é melhorar o desempenho do modelo, eliminando dados irrelevantes ou redundantes, reduzindo o sobreajuste, melhorando a generalização e acelerando o processo de modelação.

Principais abordagens na seleção de características:

1. **Métodos de filtragem:**

   - Estes métodos aplicam uma medida estatística para atribuir uma pontuação a cada caraterística. As características são classificadas de acordo com a pontuação e seleccionadas para serem mantidas ou removidas do conjunto de dados. As medidas comuns incluem coeficientes de correlação, testes de qui-quadrado e informação mútua.
   - **Aplicação em engenharia civil:** Os métodos de filtragem podem identificar e eliminar rapidamente características irrelevantes, tais como factores ambientais ou propriedades dos materiais que não têm um impacto significativo na integridade estrutural ou na longevidade de um projeto.

2. **Métodos de invólucro:**

   - Os métodos de agrupamento consideram a seleção de um conjunto de características como um problema de pesquisa, em que diferentes combinações são preparadas, avaliadas e comparadas para selecionar a melhor combinação. As técnicas incluem a seleção de características para a frente, a eliminação de características para trás e a eliminação de características recursiva.
   - **Aplicação em engenharia civil:** Estes métodos são utilizados para encontrar o melhor subconjunto de características que mais contribuem para a previsão de resultados como a capacidade de carga, a fadiga do material ou as probabilidades de falha, assegurando que o modelo é exato e interpretável.

3. **Métodos incorporados:**

- Os métodos incorporados efectuam a seleção de características como parte do processo de formação do modelo e são normalmente específicos de determinados algoritmos de aprendizagem. Estes métodos combinam as qualidades dos métodos de filtro e de invólucro. Os exemplos incluem a regressão LASSO e RIDGE que incorporam a regularização para penalizar a inclusão de características irrelevantes.
- **Aplicação em engenharia civil:** São particularmente úteis para criar modelos preditivos que são robustos e menos propensos ao sobreajuste, especialmente quando se lida com dados de elevada dimensão, como leituras de sensores de sistemas de monitorização da saúde estrutural.

4.4.2 Engenharia de recursos

A engenharia de características é o processo de utilização do conhecimento do domínio para criar novas características a partir de dados brutos, o que pode melhorar significativamente o poder de previsão dos algoritmos de aprendizagem automática. Este passo é frequentemente considerado mais artístico do que científico, exigindo criatividade, conhecimento do domínio e intuição.

Estratégias para a engenharia de características:

1. **Características polinomiais:**

- Criação de novas características considerando as combinações polinomiais de variáveis existentes, o que pode ajudar a captar a interação entre variáveis.
- **Aplicação em engenharia civil:** Útil para modelar relações não lineares complexas, tais como a interação entre a carga e a deformação do material, ou os efeitos combinados das condições ambientais na deterioração estrutural.

2. **Termos de interação:**
    - Introdução de novas características que representam a interação entre duas ou mais variáveis, aumentando a capacidade do modelo para captar os efeitos combinados das variáveis.
    - **Aplicação em engenharia civil:** Pode elucidar como factores combinados, como a temperatura e a humidade, afectam a cura do betão ou como cargas simultâneas afectam a estabilidade estrutural.
3. **Características de agregação:**
    - Resumir vários pontos de dados em características únicas, como contagem, soma, média, mediana, máximo ou mínimo, que podem fornecer contexto adicional ou simplificar informações complexas.
    - **Aplicação em engenharia civil:** Agregar dados de sensores ao longo do tempo para representar cargas médias ou de pico, ou resumir registos históricos de manutenção para indicar o estado geral da estrutura.
4. **Características temporais:**
    - Extração de informações de dados de séries temporais, como tendências, sazonalidade ou padrões cíclicos, que podem ser cruciais para modelos de previsão.
    - **Aplicação em engenharia civil:** Identificação de tendências sazonais no fluxo de tráfego, impactos climáticos em materiais estruturais ou previsão de necessidades de manutenção cíclica.

Os processos meticulosos de seleção e engenharia de características são fundamentais para o desenvolvimento de modelos preditivos eficazes em engenharia civil. Ao escolherem cuidadosamente as características relevantes e ao criarem engenhosamente novas características, os engenheiros podem construir modelos que não só prevêem resultados com precisão, como também fornecem informações mais aprofundadas sobre os padrões subjacentes e as relações causais nos dados de engenharia civil, conduzindo a uma tomada de decisões e a um planeamento estratégico mais informados.

CAPÍTULO 5:
Desenvolvimento de modelos

5.1 Critérios de seleção de modelos

O desenvolvimento de modelos é uma fase crítica do processo de modelação preditiva, em que é selecionado o modelo estatístico ou de aprendizagem automática adequado para analisar os dados e fazer previsões. Na engenharia civil, a seleção do modelo certo é crucial devido à natureza complexa e variada dos dados e às implicações significativas das previsões. Os critérios de seleção do modelo envolvem várias considerações importantes que garantem que o modelo escolhido é o mais adequado para os dados e para as tarefas de previsão específicas em questão. Segue-se uma análise detalhada dos critérios utilizados na seleção de modelos:

1. Desempenho preditivo

- **Exatidão:** O modelo deve ter um nível de precisão elevado, mas é importante equilibrar a precisão com a complexidade do modelo. Os modelos demasiado complexos podem ajustar demasiado os dados de treino e ter um desempenho fraco em dados não vistos.
- **Precisão e recuperação:** Especialmente em tarefas de classificação, em que os falsos positivos e os falsos negativos têm implicações diferentes, a precisão (exatidão) e a recuperação (exaustividade) do modelo devem ser consideradas.

2. Complexidade e interpretabilidade

- **Simplicidade:** Um modelo mais simples é frequentemente preferível devido à facilidade de interpretação, aos custos computacionais mais baixos e ao risco reduzido de sobreajuste. O princípio da navalha de Occam (a solução mais simples é frequentemente a melhor) é frequentemente aplicado na seleção de modelos.
- **Interpretabilidade:** Em muitas aplicações de engenharia civil, compreender porque é que o modelo fez uma determinada previsão é tão importante como a exatidão da previsão. Os modelos que fornecem resultados interpretáveis podem ser cruciais para a tomada de decisões e para ganhar a confiança das partes interessadas.

3. Eficiência computacional

- **Tempo de formação:** Os modelos que requerem menos tempo de formação são preferíveis quando se trata de grandes conjuntos de dados, como é frequentemente o caso em projectos de engenharia civil com dados extensos.
- **Escalabilidade:** O modelo selecionado deve ser escalável, capaz de lidar com volumes de dados grandes e potencialmente crescentes sem uma queda significativa no desempenho ou na velocidade.

4. Robustez e generalização

- **Sobreajuste vs. Subajuste:** O modelo deve generalizar-se bem a dados novos e não vistos. Deve ser suficientemente robusto para ter um desempenho consistente em vários subconjuntos de dados e não apenas nos dados em que foi treinado.
- **Desempenho da validação:** Os modelos devem ser validados utilizando um conjunto de retenção ou validação cruzada para garantir que o seu desempenho é fiável e consistente e não apenas ajustado às especificidades do conjunto de dados de treino.

5. Adequação dos dados

- **Relações entre elementos:** O modelo deve ser capaz de captar o tipo de relações (lineares, não lineares, interacções complexas) presentes nas características dos dados de engenharia civil.
- **Formato dos dados:** Alguns modelos funcionam melhor com determinados tipos de dados ou estruturas de dados específicas. A compatibilidade do modelo com o formato dos dados (séries temporais, dados espaciais, dados tabulares) é crucial.

6. Flexibilidade e adaptabilidade

- **Capacidades de afinação:** A capacidade de afinar o modelo, ajustar os seus parâmetros e otimizar as suas definições para um melhor desempenho é um critério de seleção importante.

- **Atualização e manutenção:** A facilidade de atualizar o modelo com novos dados ou de o modificar para se adaptar a condições ou requisitos variáveis num contexto de engenharia civil.

7. Requisitos específicos do domínio

- **Normas do sector:** O modelo deve estar alinhado com as normas do sector e os requisitos regulamentares, assegurando que as previsões estão em conformidade com as práticas e directrizes da engenharia civil.
- **Relevância prática:** As previsões do modelo devem ser accionáveis e relevantes para a prática, fornecendo informações que possam ser diretamente aplicadas aos processos de tomada de decisão em projectos de engenharia civil.

A escolha do modelo certo envolve uma avaliação cuidadosa destes critérios em relação às necessidades específicas do projeto, às características dos dados e aos objectivos finais do esforço de modelação preditiva. O modelo selecionado não só deve ter um bom desempenho estatístico, como também deve corresponder às restrições e requisitos práticos das aplicações de engenharia civil, garantindo que as previsões são fiáveis, interpretáveis e accionáveis.

5.2 Modelos de regressão

Os modelos de regressão são uma pedra angular da modelação preditiva em vários domínios, incluindo a engenharia civil, onde são amplamente utilizados para prever resultados contínuos com base em variáveis preditoras independentes. Estes modelos são cruciais para a previsão, a tomada de decisões e a compreensão das relações entre variáveis. Neste artigo, aprofundamos o conceito de modelos de regressão, centrando-nos na sua aplicação, tipos e importância na engenharia civil.

5.2.1 Visão geral dos modelos de regressão

A análise de regressão é um método estatístico poderoso que permite a previsão de uma variável dependente (frequentemente designada por variável de resposta) com base nos valores de uma ou mais variáveis independentes (variáveis de previsão). O objetivo é modelar a relação entre estas variáveis de forma a podermos prever ou estimar resultados futuros.

5.2.2 Aplicações em Engenharia Civil

- **Engenharia estrutural:** Utilizado para prever a capacidade de suporte de carga das estruturas, as respostas às tensões sob várias condições ou a deterioração ao longo do tempo com base em factores como as propriedades dos materiais, os parâmetros de conceção e a exposição ambiental.
- **Engenharia de transportes:** Utilizado para prever os padrões de fluxo de tráfego, o desgaste das estradas ou o impacto das alterações de conceção na segurança e eficiência do tráfego.
- **Engenharia do ambiente e dos recursos hídricos:** Aplicada para estimar os riscos de inundação, prever parâmetros de qualidade da água ou modelar o impacto das alterações ambientais nas infra-estruturas.

5.2.3 Principais tipos de modelos de regressão

1. **Regressão Linear:**
    - **Descrição:** Modela a relação linear entre a variável dependente e uma ou mais variáveis independentes. Pressupõe que a variação na variável dependente é proporcional à variação nas variáveis independentes.
    - **Utilização em engenharia civil:** Ideal para cenários em que se espera que a relação entre as variáveis seja linear, como a previsão da deflexão de uma viga sob uma carga uniformemente distribuída.
2. **Regressão polinomial:**
    - **Descrição:** Uma extensão da regressão linear em que a relação entre a variável independente e a variável dependente é modelada como um polinómio de grau n. Fornece uma boa aproximação da relação entre as variáveis quando o modelo linear é inadequado.
    - **Utilização em engenharia civil:** Útil nos casos em que a relação entre variáveis é não linear, como na modelação do comportamento não linear carga-deformação de elementos estruturais.

3. **Regressão múltipla:**

    - **Descrição:** Envolve múltiplas variáveis independentes que contribuem para a variável dependente. É utilizada para compreender e prever a variável de resultado com base na combinação de duas ou mais características.
    - **Utilização em engenharia civil:** Aplicado em análises multifactoriais, como a avaliação do efeito combinado da carga, propriedades do material e factores ambientais na integridade estrutural.

4. **Regressão logística:**

    - Embora tipicamente classificada como modelos de classificação, a regressão logística merece ser mencionada, uma vez que proporciona uma abordagem probabilística para resultados binários (como aprovação/reprovação, sucesso/fracasso) e pode ser adaptada para a representação de dados contínuos em determinadas aplicações de engenharia civil.

5. **Regressão Ridge e Lasso:**

    - **Descrição:** Estas são variações da regressão linear que incorporam regularização (termos de penalização) para restringir a dimensão dos coeficientes, gerindo eficazmente a multicolinearidade e o sobreajuste, que são problemas comuns em conjuntos de dados de elevada dimensão.
    - **Utilização em Engenharia Civil:** Particularmente útil na seleção e retração de modelos, ajudando no desenvolvimento de modelos preditivos mais robustos em cenários com inúmeros potenciais preditores, como na modelação do comportamento de materiais complexos.

5.2.4 Importância dos modelos de regressão em engenharia civil

- **Percepções preditivas:** Fornecem previsões valiosas que informam o planeamento, a conceção, a manutenção e o funcionamento dos projectos de engenharia.

- **Tomada de decisões:** Facilitar a tomada de decisões com base em dados, permitindo que os engenheiros avaliem os potenciais impactos de diferentes opções de conceção ou estratégias operacionais.
- **Compreensão das relações:** Ajuda a compreender as relações entre os vários factores que influenciam os sistemas de engenharia, contribuindo para melhores concepções, melhor desempenho e utilização optimizada de recursos.

Os modelos de regressão, com a sua capacidade de prever resultados contínuos e modelar relações entre variáveis, desempenham um papel indispensável no domínio da engenharia civil. Fornecem as ferramentas para fazer previsões informadas, obter informações a partir de dados históricos e orientar os processos de tomada de decisões que são cruciais para projectos de engenharia bem sucedidos. Quer se trate da conceção de um novo projeto de infra-estruturas, da avaliação da longevidade de estruturas existentes ou da otimização de estratégias operacionais, os modelos de regressão são parte integrante do conjunto de ferramentas do engenheiro civil.

5.3 Modelos de classificação

Os modelos de classificação são fundamentais na modelação preditiva, particularmente em cenários em que o objetivo é categorizar os dados em grupos ou classes distintas. Na engenharia civil, estes modelos são fundamentais para tarefas que exigem a atribuição de rótulos categóricos a vários pontos de dados, desde a identificação do estado das infra-estruturas à classificação dos tipos de solo. Esta secção explora a essência dos modelos de classificação, os seus vários tipos e as suas aplicações específicas no domínio da engenharia civil.

5.3.1 Compreender os modelos de classificação

Os modelos de classificação prevêem resultados categóricos. Ao contrário dos modelos de regressão que prevêem dados contínuos, os modelos de classificação atribuem pontos de dados a categorias ou classes predefinidas com base nos seus atributos ou características. O modelo aprende com dados históricos, em que as etiquetas correctas são conhecidas, para fazer previsões sobre dados novos e não vistos.

5.3.2 Aplicações em Engenharia Civil

- **Monitorização do estado das estruturas:** Classificar as estruturas como seguras, a necessitar de manutenção ou em risco de falha com base em vários indicadores, tais como medições de tensão, degradação de materiais ou níveis de vibração.
- **Classificação de materiais:** Identificação de tipos de materiais ou avaliação de medidas de controlo de qualidade através da classificação de amostras de materiais com base nas suas propriedades ou composição.
- **Análise de Impacto Ambiental:** Categorização de áreas ou projectos com base no seu potencial impacto ambiental, ajudando na tomada de decisões para estratégias de mitigação ou cumprimento de regulamentos ambientais.

5.3.3 Principais tipos de modelos de classificação

1. **Regressão logística:**
    - **Descrição:** Apesar de se chamar regressão, a regressão logística é utilizada para problemas de classificação binária. Estima a probabilidade de um determinado input pertencer a uma determinada categoria.
    - **Utilização em engenharia civil:** Útil para resultados binários, como critérios de aprovação/reprovação em avaliações de qualidade, para determinar se um nível de carga está dentro de um limite seguro ou para prever a probabilidade de assentamento de fundações.
2. **Árvores de decisão:**
    - **Descrição:** Um modelo que utiliza um gráfico em forma de árvore de decisões e as suas possíveis consequências. É intuitivo e fácil de compreender, o que o torna popular tanto para tarefas de classificação binária como multiclasse.
    - **Utilização em engenharia civil:** Aplicado em cenários como a determinação do método de construção adequado com base no tipo de solo ou a classificação do estado da infraestrutura com base em dados de inspeção.

3. **Floresta aleatória:**

- **Descrição:** Um método de aprendizagem em conjunto que funciona através da construção de uma multiplicidade de árvores de decisão durante o tempo de formação e que produz a classe que é o voto maioritário das árvores para tarefas de classificação.
- **Utilização em engenharia civil:** Ideal para problemas de classificação complexos com dados de elevada dimensão, como a previsão do modo de falha de estruturas ou a avaliação dos níveis de risco de vários projectos de engenharia.

4. **Máquinas de vectores de suporte (SVM):**

- **Descrição:** As SVMs são poderosas tanto para a classificação linear como não linear. Encontram o hiperplano que melhor divide um conjunto de dados em classes no espaço de características.
- **Utilização em engenharia civil:** Eficaz em tarefas de reconhecimento de padrões, como a classificação do tipo de tensão de carga nos materiais ou a distinção entre diferentes padrões de movimento do solo.

5. **K-Nearest Neighbors (KNN):**

- **Descrição:** Um modelo simples e intuitivo que classifica um ponto de dados com base na forma como os seus vizinhos são classificados. O KNN atribui o ponto de dados à classe mais comum entre os seus k vizinhos mais próximos.
- **Utilização em engenharia civil:** Utilizado para tarefas de interpolação e classificação locais, como a determinação da categoria de utilização do solo de um local com base em pontos conhecidos circundantes ou a classificação da gravidade de fissuras em elementos estruturais.

6. **Redes Neuronais:**

   - **Descrição:** Em particular, os modelos de aprendizagem profunda, que são capazes de lidar com conjuntos de dados complexos e em grande escala com elevada dimensionalidade, proporcionando capacidades sofisticadas de reconhecimento de padrões.
   - **Utilização em engenharia civil:** Adequado para classificações complexas, como a identificação de defeitos em estruturas a partir de imagens ou a classificação de emissões acústicas de pontes para detetar sinais de alerta precoce de problemas.

5.3.4 Importância dos modelos de classificação na engenharia civil

- **Mitigação de riscos:** Ao classificar com precisão o estado das estruturas ou ao prever potenciais falhas, os engenheiros podem tomar medidas de manutenção ou reabilitação de forma proactiva, mitigando assim os riscos e aumentando a segurança.
- **Otimização de recursos:** Os modelos de classificação ajudam a otimizar a atribuição de recursos através da categorização de projectos ou activos com base em vários critérios, tais como urgência, estado ou importância, assegurando uma utilização eficiente do tempo e dos materiais.
- **Análise automatizada:** Facilitam a análise automatizada e de elevado rendimento de vastos conjuntos de dados, tais como imagens de satélite para classificação da utilização dos solos ou dados de sensores para monitorização em tempo real de infra-estruturas, simplificando os processos de tomada de decisões.

Os modelos de classificação, com os seus diversos algoritmos e aplicações abrangentes, são ferramentas inestimáveis no domínio da engenharia civil, ajudando na categorização exacta e eficiente de dados complexos. Melhoram as capacidades de previsão, informam a tomada de decisões e contribuem significativamente para os avanços nas práticas de engenharia, garantindo a segurança, a sustentabilidade e a eficácia em vários projectos de engenharia civil.

CAPÍTULO 6:
Avaliação e validação do modelo

6.1 Métricas de desempenho

No domínio da modelação preditiva, especialmente no âmbito da engenharia civil, a avaliação e a validação do modelo são etapas cruciais que determinam a exatidão, a fiabilidade e a generalização do modelo a dados não vistos. As métricas de desempenho são os padrões utilizados para avaliar a eficácia de um modelo de previsão, fornecendo informações sobre a probabilidade de o modelo ter um bom desempenho em aplicações práticas. Esta secção descreve as principais métricas de desempenho habitualmente utilizadas na avaliação e validação de modelos preditivos, com especial destaque para a sua relevância em contextos de engenharia civil.

6.1.1 Matriz de confusão

- **Descrição:** Uma matriz de confusão é uma tabela frequentemente utilizada para descrever o desempenho de um modelo de classificação num conjunto de dados para os quais os valores verdadeiros são conhecidos. Tabula os valores reais em relação aos valores previstos, fornecendo uma análise detalhada das classificações correctas e incorrectas.
- **Relevância:** Na engenharia civil, pode ajudar a compreender a exatidão do modelo na previsão de falhas estruturais, qualidade dos materiais ou conformidade com a segurança, mostrando claramente as instâncias de verdadeiros positivos, falsos positivos, falsos negativos e verdadeiros negativos. A amostra de uma matriz de confusão é apresentada na **Figura 6.1**.

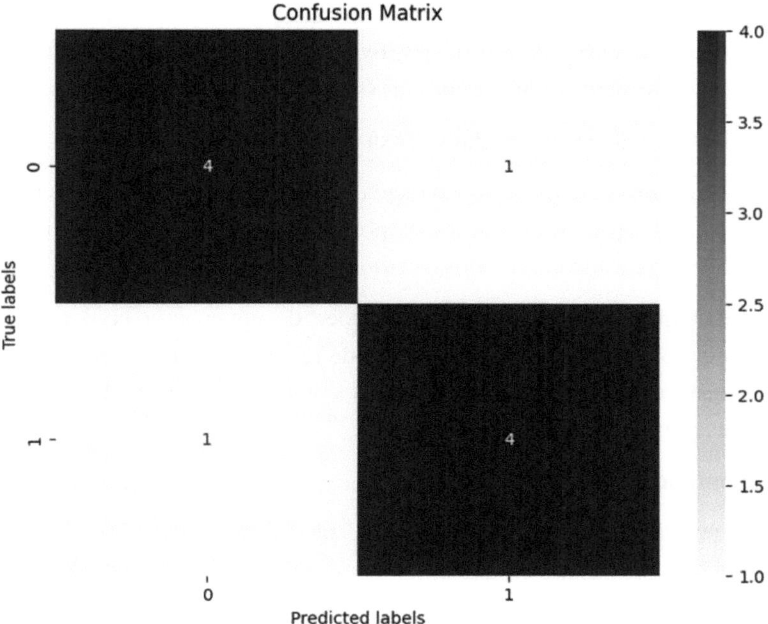

Figura 6.1. Matriz de confusão com todas as previsões positivas e negativas

6.1.2 Exatidão

- **Descrição:** A precisão é o rácio entre as observações previstas corretamente e o total de observações. Fornece uma medida rápida do desempenho geral do modelo.
- **Relevância:** É uma métrica simples para avaliar a eficácia global de um modelo em tarefas como a classificação de tipos de solo, a previsão da durabilidade dos materiais ou a determinação das capacidades de suporte de carga.

6.1.3 Precisão (valor preditivo positivo)

- **Descrição:** A precisão é o rácio entre as observações positivas corretamente previstas e o total de observações positivas previstas. Mostra a fiabilidade do modelo na previsão de classes positivas.

- **Relevância:** Na engenharia civil, a elevada precisão é crucial em cenários em que o custo de falsos positivos é elevado, como a previsão da probabilidade de falhas estruturais ou da presença de materiais perigosos.

6.1.4 Recuperação (Sensibilidade, Taxa de Verdadeiros Positivos)

- **Descrição:** A recuperação é o rácio de observações positivas corretamente previstas em relação a todos os positivos reais. Indica a capacidade do modelo para encontrar todos os casos relevantes num conjunto de dados.
- **Relevância:** Essencial para aplicações de engenharia civil em que a omissão de verdadeiros positivos pode ter consequências graves, como a omissão de defeitos estruturais críticos ou a não identificação de zonas de elevado risco ambiental.

6.1.5 Pontuação F1

- **Descrição:** A pontuação F1 é a média ponderada de Precisão e Recuperação. Tem em conta tanto os falsos positivos como os falsos negativos, proporcionando um equilíbrio entre eles.
- **Relevância:** Útil em engenharia civil para avaliar modelos em que é necessário um bom equilíbrio entre a precisão e a recuperação, como na classificação automática de defeitos de construção ou na avaliação de sistemas de monitorização do estado das pontes.

6.1.6 Curva ROC e AUC

- **Descrição:** A curva ROC (Receiver Operating Characteristic) é um gráfico que ilustra a capacidade de diagnóstico de um sistema classificador binário à medida que o seu limiar de discriminação é variado. A Área Sob a Curva (AUC) representa uma medida de separabilidade ou o quanto o modelo é capaz de distinguir entre classes.
- **Relevância:** Particularmente valioso na engenharia civil para modelos que prevêem dois resultados possíveis, como testes de carga de aprovação/reprovação, avaliações de condições seguras/não seguras ou conformidade/não conformidade com normas, em que é crucial compreender as soluções de compromisso entre taxas de verdadeiros positivos e taxas de falsos positivos.

6.1.7 Erro médio absoluto (MAE) e erro médio quadrático (MSE)

- **Descrição:** O MAE mede a magnitude média dos erros num conjunto de previsões, sem considerar a sua direção. O MSE mede a diferença média ao quadrado entre os valores estimados e o valor real.
- **Relevância:** Estas métricas são cruciais em modelos de regressão no âmbito da engenharia civil, tais como a previsão de capacidades de carga, respostas a tensões de materiais ou medidas de impacto ambiental, em que a ênfase é colocada na magnitude dos erros de previsão.

6.1.8 Raiz do erro quadrático médio (RMSE)

- **Descrição:** RMSE é a raiz quadrada da média das diferenças quadráticas entre os valores previstos e os valores observados. Fornece uma medida de quão bem as previsões do modelo estão distribuídas em torno dos valores reais.
- **Relevância:** Importante para tarefas de regressão em engenharia civil, oferecendo uma medida clara do desempenho do modelo ao prever variáveis contínuas como cargas estruturais, deslocamentos sob tensão ou a vida útil esperada de uma infraestrutura.

6.1.9 Validação cruzada

- **Descrição:** Não é uma métrica propriamente dita, mas uma técnica para avaliar o desempenho preditivo de um modelo através da partição dos dados, treinando o modelo em subconjuntos dessas partições e validando-o no subconjunto complementar dos dados.
- **Relevância:** A validação cruzada é essencial na engenharia civil para avaliar a robustez de um modelo, assegurando que este tem um bom desempenho em diferentes subconjuntos de dados e que não está sintonizado apenas com os dados específicos em que foi treinado.

A seleção das métricas de desempenho correctas é crucial para orientar o desenvolvimento de modelos de previsão em engenharia civil. Estas métricas fornecem uma medida quantificável do poder preditivo do modelo e da sua potencial utilidade em tarefas reais de engenharia civil, ajudando os engenheiros a aperfeiçoar os seus modelos, garantindo a sua fiabilidade e fundamentando a confiança nas suas percepções preditivas.

A validação cruzada é uma técnica fundamental no desenvolvimento de modelos preditivos, particularmente valiosa para avaliar a forma como os resultados de uma análise estatística se generalizam a um conjunto de dados independente. É crucial para evitar o sobreajuste, fornecendo uma visão sobre o desempenho do modelo na prática. Esta secção aborda várias técnicas de validação cruzada, centrando-se na sua implementação e importância, especialmente no contexto da engenharia civil.

6.2 Visão geral da validação cruzada

A validação cruzada envolve a divisão do conjunto de dados em partes separadas, utilizando uma parte para treinar o modelo e a outra para testar o modelo. O objetivo principal é validar o desempenho do modelo em dados não vistos, garantindo a robustez e a generalização. É um passo fundamental no processo de desenvolvimento do modelo, ajudando a identificar o modelo preditivo mais eficaz que funciona de forma consistente em diferentes amostras de dados.

Técnicas comuns de validação cruzada

1. **K-Fold Cross-validation:**

   - **Descrição:** O conjunto de dados é particionado em 'k' subconjuntos de tamanho igual ou dobras. O modelo é treinado em 'k-1' dobras e validado na dobra restante, e este processo é repetido 'k' vezes, cada vez com uma dobra diferente utilizada como dados de validação.

Aplicação em engenharia civil: Permite uma avaliação robusta do modelo, especialmente em cenários com dados limitados, assegurando que o modelo é testado em todos os pontos de dados disponíveis, tais como dados de monitorização da saúde estrutural ou medições de propriedades do solo. A arquitetura das validações cruzadas k-fold é apresentada na **Figura 6.2.**

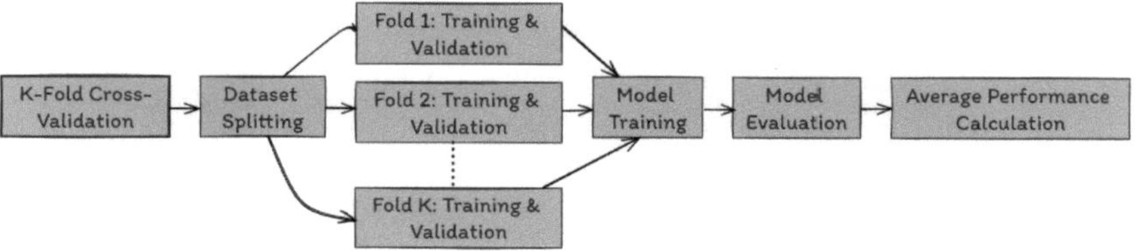

Figura 6.2. Arquitetura das validações cruzadas k-fold

2. **Validação cruzada leave-one-out (LOOCV):**

   - **Descrição:** Um caso especial de validação cruzada k-fold em que 'k' é igual ao número de pontos de dados no conjunto de dados. Cada iteração do modelo é treinada em todos os pontos de dados, exceto um, que é utilizado como conjunto de teste.

   - **Aplicação em engenharia civil:** Particularmente útil para pequenos conjuntos de dados, assegurando testes de modelos abrangentes, como nos casos de análise de dados de falhas estruturais raras ou de avaliação de características específicas de materiais.

3. **Validação cruzada estratificada K-Fold:**

   - **Descrição:** Semelhante à validação cruzada k-fold, mas os dados são divididos de uma forma que mantém a proporção das categorias (estratos) em cada dobra como estão no conjunto de dados completo. É particularmente útil para conjuntos de dados desequilibrados.

   - **Aplicação em engenharia civil:** Garante que cada dobra é um bom representante do todo, particularmente benéfico para conjuntos de dados com classes desequilibradas, como na classificação de diferentes tipos de defeitos estruturais ou modos de falha.

4. **Validação cruzada de séries temporais:**

   - **Descrição:** Uma adaptação das técnicas de validação cruzada para dados de séries temporais, em que os dados são divididos em conjuntos de treino e de teste tendo em conta a ordem temporal das observações.

- **Aplicação em Engenharia Civil:** Ideal para avaliar modelos que prevêem resultados dependentes do tempo, como a previsão de fluxos de tráfego, condições ambientais ou processos de envelhecimento estrutural, garantindo que as correlações temporais sejam respeitadas.

5. **Validação cruzada aninhada:**

   - **Descrição:** Envolve duas camadas de validação cruzada, normalmente utilizadas para afinação de hiperparâmetros e avaliação de modelos. O ciclo exterior é utilizado para dividir os dados em conjuntos de treino e de teste, enquanto o ciclo interior efectua a afinação de hiperparâmetros.

   - **Aplicação em engenharia civil:** Fornece uma avaliação imparcial do desempenho do modelo, crucial para selecionar o modelo ideal e os hiperparâmetros em tarefas de previsão complexas, como a simulação de processos de engenharia ou a otimização da atribuição de recursos.

6.2.1 Importância da validação cruzada em Engenharia Civil

- **Generalização do modelo:** A validação cruzada ajuda a garantir que o modelo pode generalizar bem para dados não vistos, um aspeto crítico na engenharia civil, onde os modelos orientam frequentemente decisões importantes como o desenvolvimento e a manutenção de infra-estruturas.

- **Prevenção de sobreajuste:** Ao utilizar várias divisões de treino-teste, fornece um meio completo de testar o modelo, o que pode evitar o sobreajuste, garantindo que as previsões do modelo são robustas e fiáveis.

- **Seleção de modelos:** Ajuda a comparar diferentes modelos ou configurações e a selecionar o que tem melhor desempenho de forma consistente em vários subconjuntos do conjunto de dados, garantindo que o modelo escolhido é adequado para a tarefa de engenharia em questão.

As técnicas de validação cruzada são indispensáveis no processo de modelação preditiva, oferecendo um método rigoroso para avaliar o desempenho e a fiabilidade dos modelos antes da sua utilização em aplicações reais de engenharia civil. Proporcionam um quadro para selecionar o modelo que não só se adapta bem aos dados de treino, mas que também promete ter um desempenho eficaz e fiável em dados novos e não vistos, aumentando assim a fiabilidade e a aplicabilidade dos conhecimentos preditivos em projectos de engenharia civil.

6.3 Sobreajuste e subajuste

No domínio da modelação preditiva, em particular no âmbito da engenharia civil, a compreensão e a abordagem do sobreajuste e do subajuste são cruciais para o desenvolvimento de modelos robustos e fiáveis. Estes conceitos são fundamentais para o processo de avaliação e validação de modelos, influenciando o grau de generalização de um modelo para dados não vistos. Esta secção analisa os meandros do sobreajuste e do subajuste, as suas implicações e as estratégias para os atenuar.

6.3.1 Sobreajuste

Descrição: O sobreajuste ocorre quando um modelo aprende os detalhes e o ruído nos dados de treino de tal forma que afecta negativamente a capacidade do modelo para generalizar para novos dados. Essencialmente, o modelo é demasiado complexo, captando padrões que não representam a população subjacente.

Sinais de sobreajuste:

- Elevada precisão nos dados de formação, mas fraca precisão nos dados de teste ou validação.
- O modelo capta as flutuações aleatórias (ruído) nos dados de treino em vez do sinal real.

Implicações na Engenharia Civil:

- Um modelo que se ajusta em excesso pode fazer previsões perfeitas para dados conhecidos, mas não fornecer previsões exactas para cenários novos e desconhecidos, como a previsão de comportamentos estruturais em condições de carga desconhecidas ou a previsão da degradação de materiais em ambientes novos.

Estratégias para evitar o sobreajuste:

1. **Simplificar o modelo:** A redução da complexidade do modelo, como a diminuição do número de parâmetros, pode ajudar a evitar o sobreajuste.
2. **Regularização:** Técnicas como a regularização L1 (Lasso) e L2 (Ridge) adicionam uma penalização à função de perda para restringir os coeficientes do modelo.
3. **Validação cruzada:** Utilização de técnicas de validação cruzada para garantir que a capacidade de generalização do modelo não se deve ao sobreajuste do conjunto de treino.
4. **Poda:** Nas árvores de decisão, reduzir o tamanho da árvore (poda) depois de esta ter sido gerada pode ajudar a remover secções da árvore que possam estar a captar ruído.
5. **Paragem antecipada:** Nos modelos iterativos, particularmente na aprendizagem profunda, parar o processo de formação antes de o modelo ter minimizado totalmente o erro de formação pode evitar o sobreajuste.

6.3.2 Subadaptação

Descrição: A subadaptação ocorre quando um modelo é demasiado simples para captar a estrutura subjacente dos dados, quer porque o modelo não é suficientemente complexo, quer porque é demasiado regularizado. O modelo, neste caso, não aprende bem o sinal dos dados.

Sinais de subadaptação:

- Fraco desempenho nos dados de treino e também não generaliza bem para novos dados.
- O modelo é demasiado simplificado e não capta tendências importantes.

Implicações na Engenharia Civil:

- Um modelo mal ajustado pode conduzir a previsões incorrectas, que podem ser críticas em aplicações como a previsão de cargas, a análise estrutural ou as avaliações de impacto ambiental, conduzindo a concepções ou decisões que não são óptimas ou seguras.

Estratégias para evitar o subajuste:

1. **Aumentar a complexidade do modelo:** A introdução de mais parâmetros ou a utilização de um modelo mais sofisticado pode ajudar a captar os padrões subjacentes nos dados.
2. **Engenharia de características:** Criar novas características ou melhorar as existentes para fornecer ao modelo mais informações sobre os padrões subjacentes.
3. **Reduzir a regularização:** Reduzir o parâmetro de regularização pode permitir que o modelo se ajuste aos dados de treino de forma mais flexível.
4. **Mais dados:** Por vezes, o fornecimento de mais dados de treino pode ajudar a melhorar o desempenho do modelo, uma vez que este tem mais informações para aprender.

Equilibrar a complexidade do modelo para evitar o sobreajuste e o subajuste é fundamental na modelação preditiva para a engenharia civil. O modelo escolhido deve não só ajustar-se bem aos dados de treino, mas também generalizar eficazmente para dados não vistos, garantindo que o modelo permanece prático e fiável para aplicações reais, desde a conceção e manutenção de infra-estruturas até às avaliações ambientais e de segurança. A utilização das estratégias correctas para abordar estas questões é essencial para desenvolver modelos preditivos robustos que ajudem a tomar decisões informadas e baseadas em dados na engenharia civil.

CAPÍTULO 7:
Estudos de caso

7.1 Aplicações reais da modelação preditiva em engenharia civil

A modelação preditiva revolucionou o campo da engenharia civil, fornecendo ferramentas poderosas para a previsão, avaliação de riscos, otimização e tomada de decisões. A integração destes modelos em vários aspectos da engenharia civil conduziu a avanços significativos no desenvolvimento, manutenção e segurança das infra-estruturas. Esta secção explora algumas aplicações reais e convincentes da modelação preditiva na engenharia civil, ilustrando o seu impacto através de diversos estudos de caso.

7.1.1 Estudo de caso 1: Monitorização da saúde estrutural

Visão geral: A utilização da modelação preditiva na monitorização do estado das estruturas envolve a análise de dados de sensores instalados em estruturas como pontes, edifícios e barragens. Estes modelos prevêem potenciais pontos fracos, falhas futuras ou necessidades de manutenção com base nos dados históricos e em tempo real recolhidos.

Aplicação: Num caso notável, foram utilizados modelos preditivos para monitorizar o estado de uma ponte suspensa. Os sensores recolheram dados sobre vibrações, deformações e condições ambientais. Os algoritmos de aprendizagem automática analisaram estes dados para detetar padrões que indicassem tensão ou degradação estrutural, prevendo com êxito uma fraqueza crítica do cabo que poderia ter conduzido a uma falha, permitindo assim uma manutenção preventiva atempada.

Resultados: A deteção precoce de potenciais problemas ajudou a evitar uma falha catastrófica, garantindo a segurança dos utilizadores e prolongando a vida útil da ponte.

7.1.2 Estudo de caso 2: Avaliação do risco de inundação

Visão geral: A modelação preditiva é amplamente utilizada na engenharia dos recursos hídricos, particularmente na avaliação e gestão dos riscos de inundação. Os modelos incorporam vários dados, incluindo o histórico de precipitação, os níveis de caudal dos rios, a topografia e os cenários de alterações climáticas, para prever a ocorrência de inundações, a sua gravidade e as áreas de potencial impacto.

Aplicação: Uma cidade propensa a inundações implementou um modelo de previsão que utilizava dados históricos e projecções climáticas para prever inundações. O modelo forneceu aos planeadores e engenheiros da cidade um mapa de risco que destacava as zonas vulneráveis, permitindo um planeamento urbano proactivo e o reforço das infra-estruturas em áreas críticas.

Resultados: Os conhecimentos preditivos permitiram a tomada de decisões informadas sobre a utilização dos solos, o desenvolvimento de infra-estruturas e a preparação para situações de emergência, reduzindo significativamente o impacto económico e humano das inundações.

7.1.3 Estudo de caso 3: Previsão do ciclo de vida do pavimento

Visão geral: Na engenharia de transportes, são desenvolvidos modelos preditivos para prever o tempo de vida e a deterioração dos pavimentos. Utilizando dados sobre cargas de tráfego, materiais do pavimento, condições climatéricas e histórico de manutenção, estes modelos prevêem quando e onde serão necessárias reparações.

Aplicação: Um departamento estatal de transportes implementou um modelo de previsão para avaliar a vida útil restante de vários segmentos de autoestrada. Ao integrar dados de tráfego, relatórios de inspeção e condições ambientais, o modelo forneceu uma projeção detalhada da degradação do pavimento, orientando as decisões de manutenção e orçamentação.

Resultados: O modelo optimizou os planos de manutenção, assegurou a afetação rentável de recursos e manteve elevados padrões de segurança, melhorando a eficiência e a longevidade da rede rodoviária.

7.1.4 Estudo de caso 4: Impacto ambiental dos projectos de construção

Descrição geral: Os modelos de previsão ambiental são utilizados para avaliar os potenciais impactos dos projectos de construção no ambiente circundante, incluindo alterações na qualidade do ar, nos níveis de ruído e nos ecossistemas. Estes modelos ajudam no planeamento, atenuando os efeitos adversos e cumprindo os regulamentos ambientais.

Aplicação: Para um grande projeto de desenvolvimento de utilização mista, foi utilizada a modelação preditiva para simular os impactos ambientais, incluindo a poluição atmosférica, o ruído e as potenciais perturbações da vida selvagem local. O modelo forneceu uma base para a implementação de estratégias de atenuação, tais como a otimização da disposição do local, barreiras verdes e práticas de construção que minimizam as perturbações ambientais.

Resultados: O projeto foi capaz de prosseguir com um impacto ambiental minimizado, assegurando a conformidade regulamentar e melhorando a aceitação e sustentabilidade da comunidade.

Estes estudos de caso demonstram a versatilidade e o poder da modelação preditiva na engenharia civil, mostrando como as informações baseadas em dados podem conduzir a uma melhor tomada de decisões, maior segurança, desempenho optimizado e soluções de engenharia sustentáveis. O sucesso destas aplicações sublinha o potencial transformador da integração da modelação preditiva no tecido das práticas de engenharia civil.

7.2 Histórias de sucesso e desafios

A modelação preditiva na engenharia civil deu origem a inúmeras histórias de sucesso, apresentando melhorias significativas na segurança, eficiência e sustentabilidade das infra-estruturas. No entanto, o percurso de integração da modelação preditiva neste domínio também apresenta desafios únicos que os profissionais têm de ultrapassar. Esta secção destaca tanto os triunfos como os obstáculos encontrados na aplicação da modelação preditiva na engenharia civil.

7.2.1 Histórias de sucesso

1. **Manutenção e reabilitação de infra-estruturas**
    - **Sucesso:** Foram utilizados modelos de previsão avançados para prever a deterioração de componentes de infra-estruturas críticas. Por exemplo, uma cidade utilizou a análise preditiva para dar prioridade à manutenção de pontes, reduzindo significativamente os custos de reparação e prolongando a vida útil das pontes.

- **Impacto:** Segurança melhorada, horários de manutenção optimizados e redução de custos através da resolução proactiva de potenciais problemas antes que estes se transformem em falhas graves.

2. **Otimização do fluxo de tráfego**

- **Sucesso:** Cidades de todo o mundo implementaram com sucesso modelos preditivos para otimizar o fluxo de tráfego, reduzindo o congestionamento e melhorando os tempos de viagem. Estes modelos prevêem as condições de pico de tráfego e ajustam a temporização dos sinais ou sugerem percursos óptimos aos utentes em tempo real.
- **Impacto:** Melhoria da mobilidade urbana, redução dos tempos de deslocação, diminuição das emissões dos veículos e melhoria da qualidade de vida urbana.

3. **Gestão de projectos de construção**

- **Sucesso:** A modelação preditiva transformou a gestão de projectos de construção ao prever atrasos nos projectos, derrapagens de custos e necessidades de atribuição de recursos. Esta abordagem proactiva levou à conclusão atempada de inúmeros projectos dentro do orçamento.
- **Impacto:** Aumento da eficiência do projeto, da relação custo-eficácia e da satisfação das partes interessadas.

4. **Redução do risco de catástrofes**

- **Sucesso:** A aplicação de modelos preditivos na avaliação da vulnerabilidade das infra-estruturas a catástrofes naturais, como terramotos, inundações e furacões, levou ao desenvolvimento de estruturas mais resistentes e de estratégias de evacuação informadas.
- **Impacto:** Preparação reforçada, risco atenuado, perdas económicas reduzidas e comunidades protegidas.

7.2.2 Desafios

1. **Qualidade e disponibilidade dos dados**
   - **Desafio:** A eficácia dos modelos de previsão depende em grande medida da qualidade e da granularidade dos dados. Em muitos casos, os projectos de engenharia civil debatem-se com dados incompletos, imprecisos ou desactualizados, o que pode levar a previsões pouco fiáveis.
   - **Mitigação:** Implementação de protocolos rigorosos de recolha, gestão e atualização de dados para garantir dados de alta qualidade, relevantes e actuais para modelização.
2. **Complexidade e interpretabilidade do modelo**
   - **Desafio:** Desenvolver modelos que sejam simultaneamente exactos e interpretáveis pode ser um desafio. Os modelos altamente complexos, embora potencialmente mais exactos, podem não ser transparentes, tornando difícil para os engenheiros e decisores confiarem e agirem com base nas suas previsões.
   - **Mitigação:** Equilibrar a complexidade do modelo com a interpretabilidade e envolver os especialistas no domínio no processo de modelação para garantir que os modelos são compreensíveis e os resultados accionáveis.
3. **Integração com sistemas existentes**
   - **Desafio:** A integração de modelos preditivos avançados nos fluxos de trabalho e sistemas de engenharia existentes pode ser um desafio, especialmente em organizações com sistemas antigos ou onde existe resistência à mudança.
   - **Mitigação:** Estratégias de integração faseada, programas de formação abrangentes e demonstração clara do valor e do retorno do investimento às partes interessadas para promover a aceitação e a adoção.

4. **Adaptação a condições em evolução**

- **Desafio:** Os sistemas de infra-estruturas e os seus ambientes operacionais estão em constante evolução devido a mudanças na tecnologia, no clima e na urbanização. Manter os modelos preditivos relevantes ao longo do tempo exige que eles se adaptem a estas condições em mudança.
- **Mitigação:** Atualização regular dos modelos com novos dados, incorporação de algoritmos de aprendizagem adaptativos e monitorização contínua do desempenho do modelo.

A modelação preditiva na engenharia civil abriu, sem dúvida, caminho a inúmeros avanços, melhorando a eficiência, a segurança e a sustentabilidade dos projectos de infra-estruturas. As histórias de sucesso realçam o potencial transformador destes modelos, enquanto os desafios sublinham a necessidade de diligência, inovação e colaboração contínuas para aproveitar plenamente o poder da análise preditiva neste domínio vital. A superação destes desafios exige um esforço concertado de engenheiros, cientistas de dados e partes interessadas para garantir que a modelação preditiva continue a evoluir como pedra angular das práticas modernas de engenharia civil.

CAPÍTULO 8:
Conclusões

8.1Recapitulação dos pontos-chave

A integração da modelação preditiva na engenharia civil representa um avanço significativo neste domínio, oferecendo conhecimentos e capacidades profundos que melhoram a tomada de decisões, optimizam o desempenho e melhoram a sustentabilidade e a segurança dos projectos de engenharia. Este documento percorreu o panorama da modelação preditiva na engenharia civil, destacando as suas aplicações, metodologias e o valor que traz à disciplina. Aqui, resumimos os principais pontos discutidos:

8.1.1 Visão geral e importância

- **Modelação Preditiva em Engenharia Civil:** Engloba a utilização de técnicas estatísticas e algoritmos de aprendizagem automática para prever resultados futuros com base em dados históricos e actuais, facilitando a tomada de decisões informadas e a gestão proactiva em projectos de engenharia civil.
- **Aplicações e impacto:** O espetro de aplicações vai desde a monitorização da saúde estrutural, otimização do fluxo de tráfego e avaliações do impacto ambiental até à gestão do risco de catástrofes, demonstrando a versatilidade do modelo no aumento da eficiência, segurança e sustentabilidade.

8.1.2 Perspectivas metodológicas

- **Desenvolvimento de modelos:** Um processo meticuloso que envolve a seleção de modelos adequados com base em critérios como precisão, complexidade, interpretabilidade e eficiência computacional, assegurando que os modelos são adaptados aos requisitos específicos das tarefas de engenharia civil.
- **Avaliação e validação:** Etapas críticas que utilizam métricas de desempenho e técnicas de validação cruzada para verificar o poder preditivo, a generalização e a fiabilidade do modelo, garantindo a sua eficácia em aplicações do mundo real.

8.1.3 Aplicações e desafios do mundo real

- **Histórias de sucesso:** Destacados através de estudos de caso que demonstram o impacto transformador da modelação preditiva na otimização da manutenção de infra-estruturas, no aumento da resistência a catástrofes, na melhoria da gestão do tráfego e na garantia da eficiência dos projectos.
- **Desafios:** Abordar questões como a qualidade dos dados, a complexidade do modelo, os obstáculos à integração e a necessidade de adaptação contínua às condições em mudança, que são fundamentais para aproveitar todo o potencial da modelação preditiva.

8.1.4 Direcções futuras

O percurso da modelação preditiva na engenharia civil está em curso, sendo provável que as direcções futuras se centrem na melhoria da interpretabilidade dos modelos, na integração da análise de dados em tempo real, na adoção de algoritmos de aprendizagem automática mais sofisticados e na promoção de uma colaboração mais estreita entre cientistas de dados e engenheiros civis. A evolução contínua da tecnologia, associada a uma ênfase crescente na sustentabilidade e na resiliência, sugere um horizonte promissor para a integração da modelação preditiva na engenharia civil.

8.1.5 Reflexões finais

A modelação preditiva estabeleceu-se como uma ferramenta indispensável na engenharia civil, impulsionando inovações que conduzem a soluções de engenharia mais inteligentes, mais seguras e mais eficientes. À medida que o campo continua a evoluir, a adoção destas técnicas analíticas avançadas será crucial para os engenheiros civis que pretendem enfrentar os desafios complexos do mundo moderno, desde a urbanização e as alterações climáticas até à procura cada vez maior de infra-estruturas sustentáveis e resistentes. O aperfeiçoamento e a aplicação contínuos de modelos preditivos desempenharão, sem dúvida, um papel fundamental na definição do futuro da engenharia civil, garantindo que o ambiente construído seja não só funcional e eficiente, mas também adaptável às necessidades das gerações futuras.

8.2 Direcções futuras na modelação preditiva para a engenharia civil

O domínio da modelação preditiva na engenharia civil está preparado para avanços transformadores, tirando partido da rápida evolução da tecnologia e da análise de dados. Ao olharmos para o futuro, espera-se que várias tendências e direcções importantes moldem o futuro da modelação preditiva neste sector vital, impulsionando a inovação, melhorando a eficiência operacional e promovendo práticas de engenharia mais sustentáveis. Aqui está uma exploração das direcções futuras previstas na modelação preditiva para a engenharia civil:

8.2.1 Integração de tecnologias avançadas

1. **Inteligência artificial e aprendizagem automática:** Os avanços contínuos na IA e na aprendizagem automática permitirão modelos preditivos mais sofisticados, capazes de lidar com problemas complexos, não lineares e de grande escala na engenharia civil, desde a análise estrutural avançada até à monitorização de infra-estruturas em tempo real.
2. **Aplicações de aprendizagem profunda:** A adoção de técnicas de aprendizagem profunda irá provavelmente expandir-se, oferecendo capacidades sem precedentes no reconhecimento de imagens, na identificação de padrões e na análise preditiva, particularmente úteis em áreas como a monitorização da saúde estrutural, a deteção de defeitos e a otimização automatizada do design.
3. **Integração da Internet das Coisas (IoT):** A utilização da tecnologia IoT melhorará os processos de recolha de dados, fornecendo dados de alta resolução em tempo real a partir de sensores incorporados na infraestrutura, permitindo assim modelos de previsão mais dinâmicos e reactivos.

8.2.2 Melhorias nas abordagens de tratamento de dados e de modelação

1. **Análise de grandes volumes de dados:** Com a crescente disponibilidade de grandes conjuntos de dados na engenharia civil, a análise de grandes volumes de dados desempenhará um papel crucial no desenvolvimento de modelos preditivos mais precisos e fiáveis, permitindo que os engenheiros descubram padrões, correlações e conhecimentos ocultos.

2. **Técnicas de modelação híbridas:** No futuro, assistiremos a um aumento da utilização de modelos híbridos que combinam modelos baseados na física com modelos de aprendizagem automática orientados para os dados, oferecendo um equilíbrio entre interpretabilidade e capacidade de previsão, essencial para desafios complexos de engenharia.
3. **Quantificação da incerteza:** Serão cruciais métodos aperfeiçoados para quantificar as incertezas nos modelos preditivos, especialmente para a avaliação dos riscos, a avaliação da segurança e a tomada de decisões em condições de incerteza, garantindo soluções de engenharia mais fiáveis e sólidas.

8.2.3 Inovações específicas da aplicação

1. **Adaptação às alterações climáticas:** Os modelos preditivos centrar-se-ão cada vez mais na adaptação das infra-estruturas civis às alterações climáticas, prevendo os impactos de fenómenos meteorológicos extremos, a subida do nível do mar e a alteração das condições ambientais, facilitando estratégias de conceção mais resistentes e adaptáveis.
2. **Engenharia sustentável e ecológica:** Será dada uma maior ênfase ao desenvolvimento de modelos preditivos que apoiem práticas sustentáveis de conceção, construção e manutenção, centradas na redução da pegada de carbono, no aumento da eficiência energética e na promoção da conservação ambiental.
3. **Infra-estruturas automatizadas e inteligentes:** A integração da modelação preditiva com sistemas automatizados e tecnologias inteligentes fará avançar o desenvolvimento de sistemas de manutenção autónomos, cidades inteligentes e sistemas de transporte inteligentes, anunciando uma nova era de infra-estruturas inteligentes.

8.2.4 Colaborações interdisciplinares e normalização

1. **Estruturas de colaboração:** Uma colaboração reforçada entre engenheiros civis, cientistas de dados, planeadores urbanos e decisores políticos será essencial para aproveitar plenamente o potencial da modelação preditiva, garantindo que os modelos são práticos, escaláveis e alinhados com as necessidades da sociedade.

2. **Normalização e melhores práticas:** O desenvolvimento de protocolos normalizados, referências e melhores práticas para a modelação preditiva na engenharia civil será crucial para garantir a consistência, fiabilidade e utilização ética das tecnologias preditivas em toda a indústria.

O futuro da modelação preditiva na engenharia civil está repleto de potencialidades, prometendo dar início a uma nova era de inovação, eficiência e sustentabilidade. À medida que o campo continua a evoluir, manter-se a par destas direcções e incorporá-las na prática será fundamental para os engenheiros civis e todas as partes interessadas envolvidas na modelação do ambiente construído. A adoção destes avanços não só melhorará as capacidades dos profissionais de engenharia civil, como também contribuirá para criar um mundo mais seguro, mais inteligente e mais sustentável.

Referências

Abbas, A. K., Bashikh, A. A., Abbas, H., & Mohammed, H. Q. (2019). Decisões inteligentes para parar ou mitigar a circulação perdida com base no aprendizado de máquina. *Energia*, *183*, 1104-1113. https://doi.org/10.1016/J.ENERGY.2019.07.020

Akinosho, T. D., Oyedele, L. O., Bilal, M., Ajayi, A. O., Delgado, M. D., Akinade, O. O., & Ahmed, A. A. (2020). Aprendizagem profunda na indústria da construção: Uma revisão do status atual e inovações futuras. *Journal of Building Engineering*, *32*, 101827. https://doi.org/10.1016/J.JOBE.2020.101827

Bibri, S. E. (2018). Um quadro fundacional para o desenvolvimento de cidades inteligentes sustentáveis: Dimensões teóricas, disciplinares e discursivas e suas sinergias. *Cidades Sustentáveis e Sociedade*, *38*, 758-794. https://doi.org/10.1016/J.SCS.2017.12.032

Chen, W., & Zheng, M. (2021). Otimização multiobjetivo para a tomada de decisões sobre manutenção e reabilitação de pavimentos: Uma revisão crítica e direcções futuras. *Automation in Construction*, *130*, 103840. https://doi.org/10.1016/J.AUTCON.2021.103840

Chester, M. V., & Allenby, B. (2019). Rumo à infraestrutura adaptativa: flexibilidade e agilidade em uma era de não estacionariedade. *Infraestrutura Sustentável e Resiliente*, *4*(4), 173-191. https://doi.org/10.1080/23789689.2017.1416846

Goulet, J. A., & Smith, I. F. C. (2013). Predicting the Usefulness of Monitoring for Identifying the Behavior of Structures (Previsão da utilidade da monitorização para identificar o comportamento das estruturas). *Journal of Structural Engineering*, *139*(10), 1716-1727. https://doi.org/10.1061/(ASCE)ST.1943-541X.0000577

Hao, H., Bi, K., Chen, W., Pham, T. M., & Li, J. (2023). Rumo ao projeto da próxima geração de estruturas de engenharia civil sustentáveis, duráveis, resistentes a vários perigos, resilientes e inteligentes. *Engineering Structures*, *277*, 115477. https://doi.org/10.1016/J.ENGSTRUCT.2022.115477

Harle, S. M. (2024). Avanços e desafios na aplicação da inteligência artificial na engenharia civil: uma revisão abrangente. *Asian Journal of Civil Engineering*, *25*(1), 1061-1078. https://doi.org/10.1007/S42107-023-00760-9/METRICS

Pan, Y., & Zhang, L. (2021). Papéis da inteligência artificial na engenharia e gestão da construção: Uma revisão crítica e tendências futuras. *Automação na Construção*, *122*, 103517. https://doi.org/10.1016/J.AUTCON.2020.103517

Pearson, K. (1920). Notes on the History of Correlation. *Biometrika*, *13*(1), 45. https://doi.org/10.2307/2331722

Sarkar, K., Shiuly, A., & Dhal, K. G. (2024). Revolucionando a análise de concreto: Uma pesquisa aprofundada de insights alimentados por IA com abordagens centradas em imagens sobre controle de qualidade abrangente, deteção avançada de rachaduras e exploração de propriedades de concreto. *Construction and Building Materials*, *411*, 134212. https://doi.org/10.1016/J.CONBUILDMAT.2023.134212

Wei, C. P., & Chiu, I. T. (2002). Turning telecommunications call details to churn prediction: a data mining approach. *Expert Systems with Applications*, *23*(2), 103-112. https://doi.org/10.1016/S0957-4174(02)00030-1

Printed by Books on Demand GmbH, Norderstedt / Germany